韩愈说，"师者，所以传道受业解惑也。"我已退休，无传道、受业之责。但长时间讲课下来，自己倒积下不少未解之惑。年事增长，疑惑不减反增。这本小书是为解自己心中的疑惑而写的。

建筑

十问

建筑的多样性、
复杂性、变易性、恒定性

吴焕加 著

机械工业出版社
CHINA MACHINE PRESS

本书作者在清华大学建筑学院长期从事城市规划及建筑历史教学，对建筑属性、建筑思潮与发展有深入的思考和研究，并有自己的独到见解与评价。本书以解题的形式，对有关建筑的十个基础且有趣的问题予以分析阐述，并对八个著名的建筑与城市实例进行剖析，意在探究建筑的起源，建筑的特性，建筑在历史、社会大变迁背景下的发展，以便读者更好地理解建筑。本书适合建筑院校师生，城市与建筑的管理者、设计者、建设者阅读，也适合喜欢建筑艺术、关注城市文化的大众读者阅读。

图书在版编目（CIP）数据

建筑十问：建筑的多样性、复杂性、变易性、恒定性/吴焕加著.
—北京：机械工业出版社，2019. 9
ISBN 978-7-111-63308-2

Ⅰ. ①建…　Ⅱ. ①吴…　Ⅲ. ①建筑设计—问题解答　Ⅳ. ①TU2-44

中国版本图书馆CIP数据核字（2019）第153659号

机械工业出版社（北京市百万庄大街22号　邮政编码100037）
策划编辑：赵　荣　责任编辑：赵　荣　范秋涛
责任校对：肖　琳　封面设计：鞠　杨
责任印制：孙　炜
北京联兴盛业印刷股份有限公司印刷
2019年9月第1版第1次印刷
148mm×210mm·6.5印张·2插页·134千字
标准书号：ISBN 978-7-111-63308-2
定价：45.00元

电话服务　　　　　　　　　　网络服务
客服电话：010-88361066　　机 工 官 网：www.cmpbook.com
　　　　　010-88379833　　机 工 官 博：weibo.com/cmp1952
　　　　　010-68326294　　金 书 网：www.golden-book.com
封底无防伪标均为盗版　　机工教育服务网：www.cmpedu.com

"道之为物，惟恍惟惚。惚兮恍兮，其中有象。恍兮惚兮，其中有物。"

——老子

"能有所艺者，技也。"

——庄子

"对美的解释是困难的。"

——柏拉图

"建筑是一门最不完善的艺术。"

——黑格尔

"在劳动过程中，人的活动借助劳动资料使劳动对象发生预定的变化。过程消失在产品中。它的产品是使用价值，是经过形式变化而适合人的需要的自然物质。劳动与劳动对象结合在一起。劳动物化了，而对象被加工了。在劳动者方面，曾以动的形式表现出来的东西，现在在产品方面作为静的属性，以存在的形式表现出来。"

——马克思

"在建筑中，人的自豪感、人对万有引力的胜利和追求权力的意志都呈现出看得见的形状。建筑是一种权力的雄辩术。"

——尼采

"天下之势，辗转相胜；天下之巧，层出不穷，千变万化，岂一端所可尽乎。"

——纪晓岚

"凡在天地之间者，莫不变，故夫变者，古今之公理也……大势相迫，非可阙制。变亦变，不变亦变！"

"康有为、梁启超、谭嗣同辈，即生育于此种'学问饥荒'之环境中，冥思苦想，欲以构成一种'不中不西即中即西'之新学派。"

——梁启超

"中国建筑为东方独立系统，数千年来，继承演变，流布极广大的区域。虽然在思想及生活上，中国曾多次受外来异族的影响，发生多少变异，而中国建筑直至成熟繁衍的后代，竟仍然保存着它固有的结构方法及布置规模，始终没有失掉它原始面目，形成一个极特殊、极长寿、极体面的建筑系统。"

——林徽因

"我们可以理解群众是一致要求建筑具有民族风格的，但是我们也可以理解到群众所要求的民族风格并不是古建筑的翻版。"又说"在革新过程中，旧的有可破，新的有所立。在破与立的过程中新的就产生出来了。"（1959年建筑会议发言）

——梁思成

　　我在建筑学堂当教员超过半个世纪，主要工作是讲外国建筑史，从教员岗位上退休也已 20 年，可谓不短。但头脑中还存有讲建筑史课时攒下的不少有关建筑的问题，有些是很基础的问题。这也不奇怪，像许多事一样，你不问，我还自觉清楚，你一问，我倒糊涂了。我虽不再上讲台，但这类问题还缠着我，"年既老而不衰"，只好试着读书思索。现在把其中十个问题提出来，并试着写出个人关于这些问题的思考。一是读书报告，有些札记与他人分享；二是当几块敲门砖，盼望能起一点抛砖引玉的作用，引起讨论。问答方式比较容易安排，不过，大半会落空。

　　在这个前言中，我要抄录别人的几段文字。

　　广州花城出版社出版名为《开放文丛》的十余部著作。我购得其中的一本：书名《论变异》，作者为孙绍振。书的开头刊有《开放文丛》编委会（北京）的"总序"（1986 年），其中有言：

　　"近几年来，由于社会生活的变革，也由于丰富多样的文学实践，催动着文艺观念的日益更新和批评之树的健旺成长。这个事实，将以无可争辩的内在合理性，把生活实践、文艺创作、文艺鉴赏和文艺理论有机地联结起来，形成一个互相联结、互相作用并不断进行自我调节和优化选择的文艺发展系统，从而更有力地促进我国文学艺术的昌盛。"（第 1 页）。话语不多，只有千余字，但涉及问题庞大而又重要。

这是 30 年前的看法，我以为并未过时，并且可以作为建筑方面的参考。

近日，东方出版社出版了新加坡学者郑永年著《中国的知识重建》，内容多范围广。这里无须多作介绍，只引少量与我们有关系的部分。

在涉及儒家思想的地方，郑永年写道：

"儒家主要想依靠君王来改造世界……对其他许多社会群体而言，儒家往往把自己道德化，在很多场合演变成训斥人的哲学……但儒家里面是没有追求变化的因素的。因此，儒家也历来被视为是一种保守哲学。""中国历史上也有辉煌的科技成就……但有一点非常关键……当儒家或者儒化的官员（士大夫阶层）看到一种技术或技术知识会导致变化，影响其心目中的道德政治秩序的时候，他们必定和王权结合起来共同反对之。"

郑永年的看法是：

"士大夫阶层不是随时修正自己，更多的是积极干预和阻碍社会变迁。儒家缺少社会进步观念。"（第 128~131 页）。

接下来，我还要摘引第三本书的一些观点：

第三本书名为《考瓶说分——漫话陶瓷史发展的逻辑》，作者杨熙龄（1927—1989），由社会科学文献出版社出版。

杨熙龄生前为中国社会科学院研究员，多年研究悖论及辩证法。这本书是他去世后出版的。他的儿子在所写前言中说，他的父亲认为中国的陶瓷文化中的辩证法具有典型意义，该书是一部有声有色地描绘辩证逻辑规律的著作。

杨先生对儒家的看法与郑永年有相同的地方。他的书中记载孔夫子有次饮酒，看见新样式的酒杯，大为不快，嚷道：

"觚（gū）不觚！觚哉，觚哉！"杨先生将此译成普通话，说明孔夫子是因不满而嚷嚷："酒杯式样怎么变了！酒杯不像过去的酒杯，太不像话，太不像话！"（原文未注出处，我也无力找出）

从上面三本书中抄了些文章，其实是做了一回文抄公。下面仍不悔改，又从清朝纪晓岚先生的《阅微草堂笔记·槐西杂志》中再抄一句话作为结束。纪老先生讲：

"天下之势，辗转相胜；天下之巧，层出不穷，千变万化，岂一端所可尽乎。"

话很平实，但系至理名言，也适用于建筑的发展与转变，我等应该敬服。

2019 年 1 月 16 日于北京

海淀蓝旗营

目录

建筑带有艺术的性征，但总体上不是艺术品，更不是纯粹的艺术，它以房屋为载体，其艺术性依附于房屋的内部与外部的实体及空间。从艺术分类学的角度看，建筑至多只能归于实用艺术的范畴。

　　建筑是以实际使用为目的的多元、多维、多向度的人造物。建筑是物质的，又是精神的；是空间的，又是时间的；是理性的，又是感性的；是技术的，又是艺术的；既要满足人的生理和物理的需要，又需符合人的心理和精神的要求；既是当下的，又是绵延的；既是实用之物，又是象征和文化符号；既反映人的意识，又映射人的潜意识；即便是私人的房产，也带有社会性；既表现人的个性，又传达群体性和社会性；既是审美对象，又是不动产和投资对象；既能令人陶醉，又会给人带来痛苦；既是合家团圆、族人团聚的场所，又是法律纠纷和争斗的起因。

一问 建筑与房屋是一码事吗？

20 世纪 60 年代陕西黄土高原民居（吴焕加画）

有人的地方就有房屋，从古至今，其量无限，无从统计。房屋与建筑四个字常常连用，但大小好坏质量不同。房屋和建筑的区别，有的差别很明显，简单地说，规模大、质量好的一类被称为建筑。建筑与房屋又有极多相通相似之处，可归为同一大类，但仔细考查，建筑与房屋还是有很多差别，有的地方差别还非常大。

同类而有差异是常见的现象。我们在家吃饭，平常而简单，就叫"吃饭"，但去人民大会堂参加国宴，大伙不说吃饭而称"赴宴"，同样是吃食物，程序内容意义大不相同。若你是书法家，写出的字称书法作品，在市场上价格不菲，你我即使用湖笔徽墨宣纸写字，也无人问津。如今人人有手机，都能拍照，但照出来的照片与摄影家的名作差之远矣。

同样，建筑与房屋虽属于同类，但存在或大或小，有时是极大的差异。但在过去，汉语中常常将房屋、建筑以及建造都用"建筑"一个词。而在几种欧洲语文中，房屋、建筑和建造各有不同的字词。

英语：building—architecture—construction。

法语：bâtiment—architecture—construction。

然而，房屋与建筑两者的划分是相对的，没有明确固定的界线，其间有广阔的过渡的灰色的地带，并且在历史进程中，常常出现转化和分化。

意大利米兰大教堂

印度泰姬·玛哈陵

中国古建筑檐角

美国古岩居

北京颐和园内一院落

北京四合院街坊

东南亚农房

德国农村旧屋

建筑与房屋的差别首先在于用途即功能的不同。房屋大都属于普通百姓，用于居住或开个小店、小作坊之类。能称为建筑的体量大多比较大，构造比较复杂，功用多种多样。有政府类的、金融商业类的、交通运输类的、文化类的、纪念类的、体育卫生类的、旅游娱乐类的等，总之，人有多少种行为，社会有多少种活动，就有多少相应的建筑类型，说不全，说不尽。但房屋花钱少，建筑花钱多是明显的，会多到常人难以想象的程度。

建筑与房屋都是人用物质材料建造的属于同一大类的人造物，但是做得比较特别，做得比较讲究，比较复杂，能吸引人的眼球。除了关心自己的居住问题之外，大多数公众注意和感兴趣的重点是在建筑这一领域。例如，埃及的金字塔、神庙，希腊雅典卫城上的建筑遗迹，罗马的斗兽场和浴场等建筑遗物；欧洲中世纪的哥特式教堂，伊斯坦丁堡的大清真寺；巴黎昔日的皇宫、近代的埃菲尔铁塔，华盛顿美国国会大厦、纽约帝国大厦，等等。以及世界各地更新更奇的建筑，如澳大利亚悉尼歌剧院、西班牙毕尔巴鄂古根海姆博物馆……中国北京的故宫、天坛、颐和园，应县木塔，苏州园林等。

古罗马斗兽场

德国科隆大教堂正门

应县木塔

北京故宫太和殿

美国国会大厦

美国纽约帝国大厦

西班牙毕尔巴鄂古根海姆博物馆

法国埃菲尔铁塔

建筑界的达人世世代代，千方百计，想方设法推出当时最卓越的建筑精品，既满足订货人的需求，又点缀地球，以飨世人。

澳大利亚的悉尼歌剧院是其中一例。那座歌剧院从起始想法、设计、构造到施工，都与设计和建造普通房屋差得极远，不可同日而语。

当初举办建筑设计竞赛，收到大量方案，但全都落选。后来从被淘汰的方案中拾回丹麦建筑师伍重（John Utzon）的设计草图最后入选，其实伍重本人并未到过悉尼。

悉尼歌剧院自 1956 年开工后，进一步设计和施工遇到大量难题，时建时停，历时 17 年才竣工。总投资为原预算的 14 倍。建成后的歌剧院下部为伸入海中的基台，上部为一丛丛伸向天空的曲壳状屋顶，在碧海蓝天之间，造型独特优美，能在观者脑中引起种种美好的遐想。从此名声大振，被称为 20 世纪最受欢迎的优美成功建筑之一。有位澳大利亚朋友说中国有万里长城，我们有悉尼歌剧院，以此自豪。

悉尼歌剧院突出显示高级建筑与普通房屋的差异，两者是两码事。无怪建筑史课和著作中绝大部分用于介绍世界著名建筑，民居讲解只占一小部分。

简单地说，"建筑"是房屋建筑中的精品，世界名作是精品中的精品。

伍重与澳大利亚悉尼歌剧院

1956 年，澳大利亚悉尼市为建造歌剧院举行国际设计竞赛。当时尚不著名的丹麦建筑师伍重（ Jorn Utzon ）的方案获选。

悉尼歌剧院（ Opera House，Sydney ）位于悉尼港伸入海中的一块窄小的地段上。伍重将用地稍加扩充，成为 90m 宽的一个小"半岛"，从外观上看，"半岛"建成宽大的高台，高台上耸立起许多风帆似的大壳。壳片共有十对，分为三组。最大的一组有四对，三对向前、一对向后。这组壳片前后长 120m，底部最宽处 53.6m；最高的一对壳片顶点距半岛地平面 64.5m、距海面 68.5m。这一组壳片覆盖着一个 2700 个座位的音乐厅，音乐厅之下还有个 550 个座位的小剧场。在这一组壳片的旁边的另一组，也是三对壳片向前、一对向后，它覆盖着一个 1550 个座位的歌剧院。高台的后端，即通向市区的部分，有宽阔的大台阶，人们可由此上平台、进入剧场。在高台进口部分的一侧，是第三组两对壳片、一对朝前、一对朝后、下面覆盖着餐厅。

悉尼歌剧院还包括其他许多厅堂空间，诸如展览厅、图书馆等文化设施，它们都包容在高台之内。悉尼歌剧院总建筑面积为 8.8 万 m^2，可容 7000 人同时在其中活动。名曰歌剧院，实际上是一个综合性的大型文化艺术中心。

伍重早年曾在 F. L. 赖特和 A. 阿尔托的事务所中工作过，受到这两位建筑艺术大师的熏陶。他又曾在世界各地参观旅行，墨西哥古代建筑遗址中的高台给他留下强烈的印象。20 世纪 50 年代他到中国旅行，对北京紫禁城建筑的高大基座和飘逸的曲面屋顶很感兴趣，引发了类似的构图想象。悉尼歌剧院的造型体现出高台大顶的构思。

20 世纪 50 年代壳体结构被广泛运用，许多建筑师都在发掘壳体结构的艺术潜能。伍重也这样做了。他将巨大壳片的底脚安置在高台顶面上，歌剧院所有的广场房间全都纳入基台和壳体之内。从外部观看，长时期以来叫得很响的"形式跟从功能"和"由内而外"的观点被消解了。当然这也不是什么新发明，事实上，建筑中形式和功能的关系是复杂和多样的，绝非固定地由一个方面单向地决定另一个方面那么简单。

悉尼歌剧院（1957—1973 年）

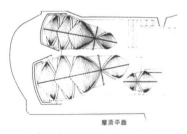

悉尼歌剧院平剖面图（一）

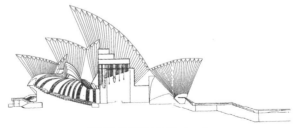

悉尼歌剧院平剖面图（二）

伍重的方案之所以获选，有赖于身为评委的埃诺·沙里宁的青睐。差不多同时，埃诺·沙里宁本人正在设计纽约肯尼迪机场的环球航空公司航站楼，它也是用巨大壳片覆盖的建筑物。但伍重方案的壳片实施起来却十分复杂，经英国著名工程设计单位阿鲁普（Ove Arup）事务所长时间的研究，结论是原造型太复杂，不能当作壳体结构来设计和施工。于是建筑师修改设计，令所有大小壳片都具有同样的曲率，使各个壳片都如同从一个直径为 75m 的大圆球上切取下来的一样。然而这仍不能作为壳体处理，还须将每一个三角形的壳片分割成一端宽一端尖的弯曲的肋条，再将每一肋条分段预制。方案决定后，工程师们又花去一年半的时间进行技术设计。施工时，将重量 7~12t 的肋段组成肋条，再将许多肋条沿横向如折扇一般拼连成一个三角形壳片，左右两个同大的壳片顶上合起来成为一对壳片，最高的一对壳片顶点高度相当于 20 多层的楼房。施工难度可以想象。所有壳片的总面积约 1.6 万 m^2，表面砌置100 万块面砖，防止面砖因气温变化移动也曾是不小的技术难题。歌剧院壳片屋顶施工历时 3 年。歌剧院临海的端部有一些很大的玻璃墙，墙厚 1.9cm。这些玻璃材料来自法国四家玻璃公司绘制的 200 张技术图样，共 700 种不同规格。玻璃墙的设计、研究、试验历时 2 年。

自伍重于 1957 提出建筑方案到 1967 年，有一组组工程师不断为技术难题绞尽脑汁。整个歌剧院的施工过程艰难曲折，前后花了 17 年才告完成。1957 造价预计 700 万美元，但不断突破，最终共花费 1.2 亿美元。在此过程中政府曾因缺钱而募集公债，澳大利亚各政党之间因此互相攻击。中途伍重被辞退，由澳大利亚本国建筑师完成内部设计工作。

经过种种曲折，悉尼歌剧院终于在 1973 年落成。这座歌剧院环境优美，造型特异，可谓前无古人。悉尼市港湾在碧海绿树的映衬下，如同洁白的贝壳、海上的白帆，又好像美丽的出水芙蓉在海天之间，沉静而具动态，有诗情，有画意，有象征性、引人遐思。它以良好的使用功能，更以卓越的优美造型而受到本地、本国和外国人民的普遍喜爱。澳大利亚朋友说中国有万里长城，他们有悉尼歌剧院，它是大洋洲之花。悉尼市确实因为建造了这座独一无二的歌剧院而提升了城市的知名度。

房屋建筑与人身相连，与人心相通，既满足人的实用需求，又将人的相当一部分心理、情感喜好和信仰固化于其中。在过去缺乏流动性的时代，人长时间住在一处房屋中，生于斯，终于斯，长期被那所房屋所包容，人与它亲密共处，几乎合为一体。"家"的概念和住屋密切关联。大家对自己住过的房屋，尤其是出生时和小时候住过的房屋，以及自己心仪的名人的故居，会怀有很深的感情和很多的感触。

　　建筑是多元、多维、多因子、多向度的人造物。今天，比建筑复杂得多的人造物有的是，如各种航空、航天器。房屋建筑的复杂性在于它的性质上的多样性、多面性和矛盾性。

二问　如何看 Architecture 的起源与变迁？

罗马街景（吴焕加画）

前已说过，architecture 是外语词，词的源头在古代希腊。

在古代希腊，技术与艺术不分家，合称 techne——技艺。这种看法与我国古代思想家庄子（约公元前 369—公元前 286）所说："能有所艺者，技也"（《庄子·天地》）的观点一致。

古希腊人建造过许多造型精美的建筑物。雅典市内有一块凸起的岛状高地，称为卫城，其上建有多个用大理石建造的精致优美的建筑物，自建成至今，始终是世界建筑史上备受赞赏的建筑杰作，被视为西方古典建筑早期的典范，影响广泛而长久。

古代希腊人的普通住房情况如何呢？

卫城下面雅典人的普通房屋，与卫城上面宗教性政治性的建筑相比，相当简陋。

一位美国学者对古希腊盛期雅典的普通人住房有以下描述：

"由卫城放眼望去，可见一片低矮的平房屋顶，看不见一根烟囱，……街道只是小巷和里弄，狭窄而弯弯曲曲，在紧紧相连的由泥砖砌成的低矮房屋之间，蜿蜒而去。雨后穿行城区意味着要从泥浆中涉水而过。家庭所有垃圾随意扔向街道，没有排污系统，也没有清扫系统。当炎热的夏天来临，位于南方的雅典自然无卫生可言。"

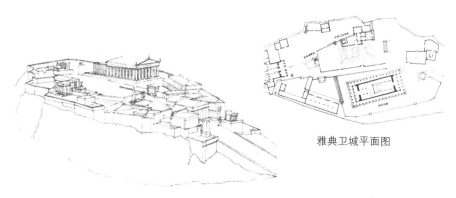

雅典卫城平面图

雅典卫城鸟瞰图

卫城全景

卫城山门遗址

> "希腊房屋无任何便利设施可言。所谓的烟囱只是在屋顶上开个口子。……冬季来临,房子里穿堂风肆虐。……由于没有窗户,楼下房屋都得依赖通向中庭的门来采光。到夜晚,唯一可以得到的照明系统便是一盏昏暗的橄榄油灯。取水则由奴隶从附近的泉水和水井处担来。……房屋的内墙有可能粉刷过,而外墙即便也粉刷过,但很快就会剥落下来,露出泥砖。住房的简陋和缺少装修与希腊匠人制作出的精美家具形成了鲜明的对比。"(J.H.Breastedl, The Conquest of Civilization, 中译本《走出蒙昧》.周作宇等译,江苏人民出版社.下册431,432)

建造这些简陋的房屋只需雇用几个有起码技艺的匠人就够了。而建造卫城上的那些高级复杂精美的殿宇必须要有高级且精湛技艺的匠师和专家参与并负责才可能完成。

希腊人将这类高级技艺的产物直截了当地称为"高端技艺"——希腊文中为 Αρχιτεκτονική,英文为 architecture,都是高端技艺的意思,欧洲其他几种文字也与英文类似。

"建筑"之词中国早就有了,是建造之意。将"建筑"用作 architecture 的译名时间不长,译名虽然是两个汉字,却非出自中国人之手,始作俑者原来是 19 世纪日本《英和辞典》的编译者。"建筑"这个译名没有在字面上揭示希腊和英文字词原有的意涵。后来日本建筑学者伊东忠太等想更改译名也未成功,随后,"建筑"作为 architecture 的译名传入中国,通行至今。

维柯："三大时代"

且抛开译名问题，看看 architecture 最早是如何发生的。

意大利学者维柯（G.Vico，1688—1744）指出，人类的历史普遍经历三个大的时代，即"神的时代、英雄（王）的时代和人的时代"。在英雄时代，人们是生活在贵族统治下的庶民；在人的时代，人们建立了他们自己的政府和君主国家。（转自马尔科姆.巴纳德著《理解视觉文化的方法》，常宁生译，商务印书馆，2005，52 页）

"神的时代"

"神的时代"拖延很久，在神的时代，人自觉自愿地受到神的统治，不时要与神交往。初时人类拜祭神祇的设施很简单，立一块石头，清理一片土台，堆一个石堆，找一棵老树都可作为祭祀膜拜的对象和设施。到新石器时代，世界许多地方出现采用当时当地所能得到的最优的坚固耐久材料，动用大量人力，克服种种艰难困苦，构建出多种多样特异的构造物，很多设施至今无人了解当时是怎么做出来的。

著名的英国索尔兹伯平原的环形巨石阵，约建于公元前 3000 年，中心是一个圣坛，周围是很粗大的石柱和石梁构成的环状牌坊。一个石柱重 40t，石头是从 225km 外的山上开采又跋山涉水运来的。

公元前 2500 多年前，古埃及法老按照死后还能复活的信念，在吉萨地方造了三座巨大的金字塔，至今令人惊讶不已。此外，古埃及人还建造了多座太阳神庙，其中有多种造型华美的石柱。

巨石阵、金字塔和太阳神庙都不是供人居住的，而是用于拜祭神祇或祈求永生等宗教性目的。

随着社会文化的发展，原始宗教一步一步从原始的神灵崇拜、巫术走向多种多样的正规宗教。在漫长的历史各阶段，世界各地区都有相应的建筑设施服务于宗教行为。著名的有伊斯坦布尔的索菲亚大教堂、欧洲各地的哥特式教堂、罗马圣彼得大教堂、中东的伊斯兰寺院，中国、日本和东南亚的神庙和佛寺，都是著名的宗教建筑实例。

这类人造物都是采用当时当地最优良最难得的物料，动用大量的人力和最优的技艺，克服种种困难建成的顶级产品。

巨石阵

古埃及神庙遗址

哥特式教堂顶部飞扶壁　　　　　德国科隆哥特式教堂屋顶

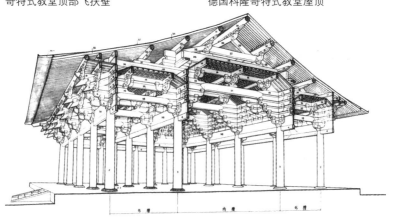

中国唐代五台山佛光寺大殿结构

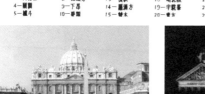

罗马圣彼得大教堂（1547~1590 年）　　　古罗马万神庙（118~128 年）

索菲亚大教堂的中央大穹顶直径 33m，顶点高约 60m，柱墩和墙面用黑白红绿等彩色大理石贴面，穹顶用以金箔为底的玻璃做的镶嵌画。建造这座大教堂用了一万名工匠，从十几个地区进口十几种大理石和金、银、宝石、象牙装饰内部。耗资巨大，折合黄金 14.5 万 kg。当时有人形容说："当你走进这座建筑物去祈祷时，你会觉得这项工程不是人力造成的……腾向天上的灵魂会体会到上帝就在你身边，你会相信上帝也喜欢这个不同寻常的家。"（陈志华，《外国古建筑二十讲》，三联书店）

在"神的时代"是建筑史上十分突出，十分耀眼，备受关注的对象。那些费工费料费时艰难造出的人造物，不是为人的居住而造的，而是出于原始信仰和原始宗教的需要。

相对于真正的"人居"，它们可以笼统地被称作"神居"。换句话说，"建筑"的开端与源头在"神居"，而非"人居"。

伊斯坦布尔索菲亚大教堂

"王的时代"

"神的时代"后出现的是"王的时代"。不过两个时代并不互相排斥，大多数情况是王权与神权并存，互相配合。在中国封建时期，皇帝又称"天子"，表明王与神关系紧密，两方互相利用，相得益彰，王与神共赢。北京天坛祈年殿是王与神会合的具体象征之一。

王的时代接续神的时代创造和积攒的建筑技艺及成就，不断地发扬光大。因为在王的时代，社会生产力提升，大量社会财富集中于王家和贵族阶层手中，在专制制度下，这些人拥有统治国家社会的威权，能调动巨量国家资源和人力建造自己享用的宫殿府邸、苑囿、各级政府用房、文教建筑、军事建筑，等等。为统治国家和统治者自身享乐的建筑数量和类型不断增多。

中国的秦始皇，法国的路易十四，中国明朝的永乐皇帝等，都是举全国人力物力财力，大兴土木，大肆建造皇家建筑的突出代表。他们建造的城池、宫殿、园林不仅仅是出于物质功能需要，而且在更大程度上是为了显示皇权统治的牢固。皇家建筑特色鲜明，华丽而森严，给人深刻印象，看起来非常特殊非常重要，这样的建筑通过明喻和暗喻，显示出这个王朝的巩固和皇帝的雄才大略。

中国汉朝初年建造宫殿，丞相萧何为汉高祖定下的建筑方针就是"夫天子以四海为家，非壮丽无以重威"。在整个封建历史上，封建帝王只要有财力，在位时间又够长，没有一个不积极贯彻实行的。中国传统建筑有固定的等级制度。宫殿建筑采用等级最高的型制，屋顶覆黄色琉璃瓦，红柱红墙，立在汉白玉台基上，巍峨壮丽，流金溢彩。形式各样的亭台楼阁，造型优美，多姿多态。中国传统木构建筑的艺术潜能，在明清皇家建筑中发挥到了极致。

明初李时勉写了一篇《北京赋》，清楚深刻地阐明北京城池和宫禁规划布局后面的理念和意图，文曰：

> "逮我圣上（明成祖）……度弘规以作京，羌经营之伊始，遍夷夏其欢腾。曰惟北都……方位既正，高下既平。群力毕举，百工并兴，建不拔之丕址，拓万雉之金城。"

> "展皇仪而朝诸侯……开高以临下，背阴而面阳……华盖穹崇以造天，俨特处乎中央。上仿象夫天体之圆，下效法乎坤德之方，两观对峙以岳立，五门高蠹乎昊苍。飞阁岮以奠乎四表，琼楼鬼以立于两旁。庙社并列，左右相当……五色炫映，金碧晶荧，浮辉扬耀，霞彩云红。"

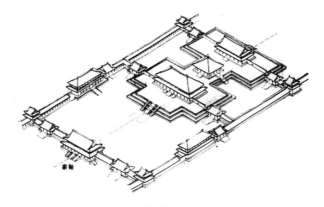

北京故宫三大殿

"成此大功，忘其勤勚。人和既极，休征滋至……于以见天
眷之益隆，而圣德之纯备者也。"（孙承泽：《春明梦余录》卷一，北京
古籍出版社，1992 年版，9~12 页）

总之，希冀通过规划和建筑，求得 "天地清宁，衍宗社万年之福；
山河绥靖，隆古今全盛之基"。

明清北京城以皇帝宫廷为核心，有贯穿全城的南北中轴线，紫禁城、
皇城主要的宫殿、主要入口以至皇帝的宝座，都安排在这条轴线上。
其他重要的建筑物如坛庙、衙署，大体上对称地布置在中轴线的两
边。各处的大小建筑和建筑群也有自己的中轴线，也采取左右对称的
格局。

北京明清故宫

左右对称，突出中轴的构图，能造成稳重、威严的环境和气氛。

历史上世界各处的当权者在营造宫殿布置衙署时都知道利用这种效果，但只有中国封建时代的统治者把这种布局模式几千年中全力全面地贯彻于都城建筑的各个层级，在全世界古往今来的城市中，明清北京城池和宫禁独树一帜。

在欧洲，法国路易十四的一位大臣也上书阐述皇家建筑在政治方面的重要性："如陛下明鉴，除赫赫武功而外，帷建筑物最足表现君王之伟大与庄严气概。"

（陈志华《外国古建筑二十讲》，三联书店，2002 年，168 页）

由于握有国家权力，封建统治者和上层人士能够动用大量的人力、物力和财力，他们能够不计工本地无所不用其极地营造他们的"王居"，极尽豪华奢侈之能事。因而，使人类的建筑技术和艺术多方提升，跨出一大步。

广大下层人民的居住状况仍处于自生自灭的状态。

将极陋的"人居"与顶级的"神居"和"王居"相比较，如明清故宫与北京旧日的"龙须沟"不可同日而语，当然，两极之间存在大量中间状态的房舍，存在很大的灰色地带。

"人的时代"

随着社会经济、政治、科学的发展和思想观念的变更,神权和王权逐渐收缩消退,世界上越来越多地方终于渐次进入了建筑历史上以人为主的"人的时代"。

世界近现代历史的分期有多种分法,一般以 1640 年英国资产阶级革命为重要节点,1769 年英国人瓦特改良蒸汽机,英国最先开始工业革命,接着传播到欧洲和美国。20 世纪法国哲学家福柯(Michel Foucault,1926—1984)认为:"二百多年前欧洲工业化是一场对全世界以农耕为基础的传统乡土社会的第一轮冲击。"

此后许多地区步入"近代"。到 20 世纪前期,许多地区更先后进入"现代"时期。再后,为了突出当前时段,又称当前为"当代"。

最近 30 年的互联网技术带来的变革是另一轮革命性冲击。中国学者指出:"现代化是指工业化,工业革命带来的政治、经济、文化各方面的全部社会转型,是大革命,不是小革命。"(魏楚雄,人大复印资料《文化研究》,2016,9)

第一次工业革命所到之处,立即引起社会大转型。在建筑方面,宫殿教堂庙宇陵墓不再独占鳌头,实用性和生产性的建筑如工厂、交通运输用建筑、商业建筑、办公楼、宾馆、公众性居住建筑等的建筑类型和数量剧增。这些建筑物不是为神也非为帝王将相而建,出发点和动力是满足人的实际需求,直接为人而建,为人所用的高质量建筑。相对于长期在建筑历史上称雄的"神居"和"王居",到近代资本主义社会才有了可与历史上的寺院教堂及宫殿府邸匹敌的真正为人们自己直接使用的建筑,进入建筑历史上真正意义上的"人居"时代。

住宅问题

这里谈到一个真正的人居问题。

工业化铺开以后，城市人口急剧增加，出现了严重的下层人民的住宅缺乏问题。社会各阶层都很关注，积极研讨解决之道。恩格斯也参与过此项讨论，他于 1872 年在莱比锡《人民国家报》连续发表三篇文章，批驳资产阶级方面的错误言论。1887 年这三篇文章以《论住宅问题》为书名出版。恩格斯在该书第 2 版序言中写道：

> "一个古老的文明国家从工场手工业和小生产向大工业过渡……一方面，大批农村工人突然被吸引到发展为工业中心的大城市里来；另一方面，这些旧城市的布局已经不适合新的大工业的条件和与此相应的交通……正当工人成群涌入城市的时候，工人住宅却在大批拆除。于是就突然出现了工人以及以工人为主顾的小商人和小手工业者的住宅缺乏现象。"（恩格斯《论住宅问题》第 2 版序言，《马克思恩格斯选集第二卷》459 页）

这里提及恩格斯的《论住宅问题》，是想表明到了近代，下层人民的住房问题才开始成为社会广泛关注的问题，才有越来越多的人认识到这是关乎最大多数人的切身需求的建筑任务，是人人都应得到满足的"人居"问题。

19 世纪末 20 世纪初，欧洲一些有进步思想的建筑师也开始关注这一重大的人居问题，做过研究和探讨，成为当时"现代建筑运动"关注的一项内容。

　　近现代人居建筑的内容需求和类型极其复杂，难度超过历史上各个时代。应该说，广大群众的住宅问题，由于事情本身的复杂性和存在诸多客观困难，在人口密集的大国中，包括中国在内，这个问题至今还未能完全妥善解决，仍是一块难啃的骨头。

　　但是，总的看来，近二百年来，建筑技艺有了非常大的进步，结构技术方面可以说是从宏观经验阶段进到了微观分析的科学阶段，新方法新理论新事物不断出现，成就非凡。新型建筑铺天盖地出现于全球各处，样态多而复杂且更适用，与过去数千年相比，人类的建筑历史在近现代翻开了新的篇章。

　　普遍存在的大众住宅问题难以解决，不是建筑技术问题，难点在社会政治经济方面。

1851 年伦敦世博会场馆传奇

1851 年伦敦世界博览会场馆是 20 世纪现代建筑的一朵"报春花"。场馆设计人帕克斯顿是大型金属与玻璃建筑的先行者。但他的本职是一位植物温室匠师，并非建筑师，应该说是一位外行先行者。

1851 年 5 月 1 日，距今已 160 多年，英国伦敦海德公园内，世界上第一个世界性博览会举行开幕典礼。这个博览会场馆的建造经历具体地预示出世界建筑即将来临的大变革。

出席开幕式的人惊讶地发现自己处身于一个前所未见的、高大宽阔而又非常明亮的大厅里面。在一片欢欣鼓舞的气氛中，维多利亚女王礼乐声中剪彩。室内的喷泉吐射出晶莹的水花。屋顶是透明的，墙也是透明的，到处熠熠生辉。人们说到了这座建筑里面，仿佛走入神话中的仙境，兴起仲夏夜之梦的幻觉。于是这座晶莹透亮，从来没有过的建筑物被称为"水晶宫"（Crystal Palace）。

这次博览会展出英国本土的和来自海外的展品 14000 多件。在半年的展期中，英国本国及来自世界各地的 600 万人参观了这次博览会，真正是盛况空前。

博览会陈列的展品中，小的有新问世的邮票、钢笔和火柴，大的有自动纺织机、收割机等新发明的机器，连几十吨重的火车头、700 马力的轮船引擎，都放在屋内展出，建筑内部空间之宽阔，令 19 世纪中期的人非常吃惊。

对于这次博览会的成功召开,维多利亚女王特别兴奋。当晚她在自己的日记里记下那天的感受:"一整天就只是连续不断的一大串光荣……一切都是那么美丽,那么出奇。房子内部那么大,站着成千上万的人……太阳从顶上照进来……地方太大,以致我们不大听得见风琴的演奏声……人人都惊讶,都高兴。"女王笔下的这些文字是对当日盛况的生动而又难得的写照。

从一开始,女王的丈夫艾伯特亲王主持博览会的筹备工作,一个小型委员会在他领导下工作。

起初很顺利。厂家热烈拥护,各个殖民地表示赞同,其他大国也愿意送来展品。政府批准在伦敦市内的海德公园里建造博览会馆。然而,在博览会的建筑问题上出了麻烦。

博览会预定 1851 年 5 月 1 日开幕,而时间已到了 1850 年初,当务之急是做出博览会馆的建筑设计。1850 年 3 月筹委会举行全欧洲的设计竞赛。总共收到 245 个建筑方案。数量很多,但评审下来,没有一个合用。

伦敦第一次世界博览会(1851 年)

伦敦第一次世界博览会内景

困难在于从设计到建成开幕，只有一年两个月的时间。而博览会结束后，展馆还得拆除。这座展览建筑既要能快速建成，又要能快速拆除。其次，展馆内部要有宽阔的空间，里面要能陈列火车头那样巨大的展品，要容纳大量的观众，还得有充足的光线，让人能看清展品。还得有排场、气派，不能搞临时性的棚子凑合事。

借鉴历史上的建筑样式，把展馆做得宏伟、壮观，是当时建筑师的强项，送来的 245 个建筑方案各色各样，全都是按已有的传统建筑方式和建筑体系设计出来的，都很壮观、华丽、体面。费工费料不说，要命的是没有一个走传统路线的建筑方案能够在一年多点的时间内建成。

那个时候，全世界都找不出一处现成的建筑可供办世界性大型博览会参考借鉴。只得另想办法。

筹委会组织一些建筑师自行设计。然而，拿出来的方案也不符合要求。

1850 年春夏之交，博览会筹委会那班人进退两难，伤透脑筋，不知怎样好。

中国京剧演员说"救场如救火"。在这个当儿，一个"救场"的人出现了。

此人名叫帕克斯顿，其时 50 岁。他找到筹委会，说自己能够拿出符合要求的建筑方案。委员会的人将信将疑，愿意让他试一试，但时间不能长。

帕克斯顿和他的合作者忙活了八天，果真拿出了一份符合各种要求的建筑设计方案，还带有造价预算。筹委会反复研究，感到满意，终于在 1850 年 7 月 26 日正式采纳帕克斯顿的方案。施工任务由另一公司负责。

帕克斯顿提出的建筑方案与众不同。

整个展馆基本上是用铁柱铁梁组成的三层框架。长 1851ft（合 564m），隐喻 1851 这个年份，宽 408ft（合 124m）。正中有凸起的圆拱顶，其下的大厅高点 108ft（合 33m）。左右两翼高 66ft（合 20m），两边有三层展廊。展馆占地面积约 7.18 万 m^2。建筑总体积 93.46 万 m^3。屋面和墙面，除了铁件外全部是玻璃。整个建筑物是一个庞大的铁与玻璃的组合物。

帕克斯顿的建筑方案于 1850 年 7 月 26 日被正式采纳，此时距预定的 1851 年 5 月 1 日开幕日只有 9 个月零 5 天。庞大的展馆只用了 4 个月多一点的时间就建成了。速度快的原因是用料单一，只用铁与玻璃。整个建筑物用 3300 根铸铁柱子和 2224 根铁（铸铁和锻铁）制的桁架梁。柱与梁连接处有特别设计的连接体，可将上下左右的柱子和梁连接成整体，牢固而快速。

整个建筑物所用构件与部件都是标准化的，只用极少的型号。例如屋面和墙面都只用一种规格的玻璃板，不但工厂生产很快，工地安装也快。整个展馆用玻璃 400t，相当于当年英国玻璃总产量的 1/3。展览馆有庞大宽敞的室内空间，有观看展品所需的充足的天然光线（当时人工照明只有煤气灯），能够在短时间内建成，然后拆除，到另一个地点重建。

试问：当时那么多欧洲建筑师，其中高手如云，为什么提不出类似帕克斯顿那种实际可行的建筑方案呢？这话说起来就长了。简要地讲，有两方面的原因：一是当时的正牌建筑师们对工业化带来的新材料、新结构、新技术还不了解，更不会将之运用于建筑之中；二是他们头脑中的传统建筑观念十分牢固，放不开手脚。

帕克斯顿（Joseph Paxton，1801—1865），农民出身。23 岁起在一位公爵家做园丁，后来成为花园总管。英国的铁和玻璃产量增加后，用铁和玻璃可建造透光率高的温室。帕克斯顿曾造过一个有折板形玻璃屋顶的温室。他是凭着这样的技术经验去筹委会毛遂自荐的。

帕克斯顿与正牌建筑师在两个方面正好相反：一是他不熟悉正统建筑的老套路却掌握一些新的技术手段；二是他头脑中没有固定的建筑样式，伦敦的标记的框框，法无定法，敢出新招。

水晶宫于 1852 年 5 月开始拆除，运到伦敦南郊重建。新馆用于展出、娱乐和招待活动，十分兴盛。曾两次发生火灾。

早年亲往水晶宫参观的中国人不多。1868 年（清同治七年）清官员张德彝出使西洋，在伦敦期间两次去移地重建的新水晶宫，在所著《欧美环游记》中写下他的观感：

> "九月初八日壬午，晴，午正，同联春卿（另一官员）乘火轮车游水晶宫……（同治五年发生火灾）刻下修葺一新，更增无数奇巧珍玩，一片晶莹，精彩炫目，高华名贵，璀璨可观，四方之轮蹄不绝于门，洵大观也。"他描述夜间参观时是"灯火烛天，以千万

水晶宫内景   迁建后的新水晶宫

计。奇货堆积如云，游客往来如蚁，别开光明之界，恍游锦绣之城，
洵大观也。"（张德彝，《欧美环游记再述奇》，湖南人民出版社，1981）

在张德彝著另一本书《航海述奇》中，他曾称博览会为"考产会"
和"炫奇会"，也颇传神。

二次世界大战中，为避免新水晶宫成为德国飞机轰炸伦敦的标记物，
于 1941 年加以拆除。

今天世界大城市中金属与玻璃的建筑比比皆是。单就北京而言，近
年落成的央视新厦和凤凰中心就都是这样的建筑，所以，我们称 160 多
年前由外行的先行者主持建造的"水晶宫"是这类现代建筑的"报春花"
毫不为过。

构成建筑的成分和因素多样复杂，自然与人文，物理与心理，技术与艺术，意识形态与物质形态，个人与社会，主观与客观，意识与下意识，继承与变革，经验与超验，确定与含混等，不同领域和范畴的挑战与矛盾交织在一起。作为一门学科，难以用归纳或演绎的方法，以及科学的实验手段建立有效的理论、法则和预测。而且，连对已有建筑的研究和理解，都存在困难。不同的人对同一建筑的评价不仅不一致，缺少共识，甚至常常截然相反。

三问 建筑本体有哪些显著特性？

罗马一桥（吴焕加画）

除了成片建造的作为商品待售的住宅区中的居住房屋，对于稍微重要些的建筑物，建筑师们总想努力做出与众不同的建筑造型，追求自己独创的特点。不过此处我们关心的是大多数建筑物都共有的特点、特性、特征，即它们的共性。

我们从建筑物本体及建筑生产的特殊性说起。

我们观看房屋建筑物时，首先看到的是由物质材料构成的一个个相对庞大的实物。从古到今，不同的地方和时间，人们用过多种多样的材料构筑房子。有泥土、有草类，有高大坚实的乔木。有经过火烧的土制的砖、瓦，有天生的坚固耐久的石材。人们制造出透明的玻璃。再后来，有了水泥，有了混凝土和各色各样强劲的金属材料，由于金属的加入，钢和钢筋混凝土的使用，使人们的建造技艺进了一大步。

建筑实体在内部和外部形成大大小小形状多种多样的建筑空间、半空间，或所谓的"灰"空间。建筑实体与空间相拥环绕，虚实穿插，使得建筑造型丰富多样，吸引力大增。我国苏州的传统园林是一个突出的例子。

除了自然界天生的洞穴外，原生的自然形态的材料很少能形成适合人用的建筑实体和空间。因而需要人的加工建造。经过实践，工匠渐渐把房屋建筑的实体部分分为承重用和单起维护作用的两部分，这样可以省工省料，少占建筑空间并且增添表现力。

这样一来，房屋建筑中就出现了专门用以承受重量和其他荷载的部分和部件，这些部分和部件会合成一个体系，其作用如人的骨骼系统一样，人们称之为建筑的结构或结构体系。而每种结构形式又与所使用的建筑材料的材性紧密关联。许多人对于建筑结构在建造和建筑学及建筑艺术中所起的作用和影响常常没有给予应有的认识和估量。事实上，中国古代的木构建筑体系、古代希腊的神庙样态和古罗马的宏伟建筑的形象都发源于所采用的特定的结构形式。

我们现在见到的许多种建筑结构形式早就被人运用了。数千年前，古埃及人建造了石梁石柱的神庙，古希腊的帕提农神殿更是名垂千古的石梁柱建筑。中国辽代的应县木塔是 65m 高的可以上人的木构高层建筑。这些都是著名的例证。不过，用是用得挺好，然而对各种结构内在的力学原理却并不明白。往昔的工匠建造房屋靠的是老辈传下的宏观经验，往往是几句口诀。全世界造房子的人都要等到 18~19 世纪，在多种科学有了进步以后，才有一些科学家花许多力气翻来覆去才弄明白房屋中一根柱子和一根横梁内里的力学机制，因为构件内部的受力单凭肉眼是看不见的。

欧洲哥特式教堂内部

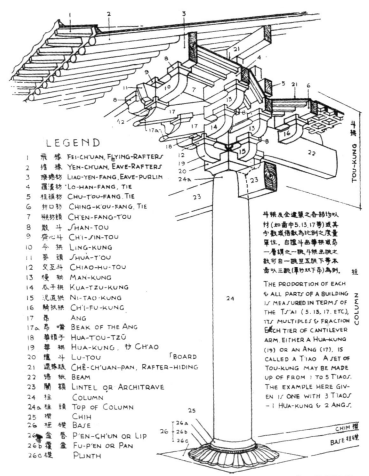

中国传统木结构

古代希腊神庙

美国费城吉拉德学院教室楼（1840 年）

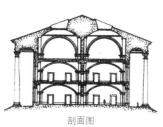

剖面图

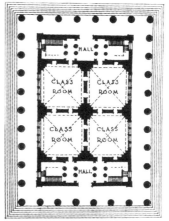

一层平面图

美国费城吉拉德学院教室楼

房屋建筑生产的特殊性

房屋建筑的生产制造与许多人造物的制造的差异是明摆着的，它们固定在一个地点不动，大多是庞然巨物。除了房地产商成片建造住宅外，大多数房屋建筑，特别是有点重要性的公共建筑和商业建筑，都采取"订货生产"和"单品生产"的方式，具有"特定性""个案性""唯一性"和"现场性"等特性。因为多是一次性产品，包含许许多多大小不同形状各异的部件和零件，很难全面标准化，因而建筑工地上多采用适宜技术，而少采用先进技术。建筑工程从开始到完工大都经过几个不同阶段。一般包括接受任务和准备阶段，方案设计阶段，初步设计阶段，施工图设计，施工阶段，验收，等等。其间涉及多个方面和有关人员，其中有地产商、业主、投资方、政府管理人员、建筑师、工程师、总承包商、分包商、固定工人、临时工人、质量监督人员、财务人员、法律人员等。其间各种人员有进有出，经常做变更。建筑工程涉及的规章制度、合同协议又多又细。

金属结构增加建筑跨度

今日的建筑生产，尤其是大型建筑项目的生产管理，是十分繁杂艰巨的专业工作。

1889 年巴黎博览会铁结构，跨度 115m

埃菲尔和巴黎铁塔

让我们了解一下埃菲尔（Alexander Gustave Eiffel，1832—1923）本人。他23岁时从中央工艺和制造学院毕业，学的专业是金属建筑结构。不久埃菲尔开设自己的工程公司，从事实际建造工作。19世纪是铁路大发展的时代，埃菲尔在许多国家建造铁路桥梁，是当时著名的桥梁工程师。他曾为一些建筑物设计铁结构的圆形屋顶，纽约自由女神像内的金属骨架也是由他设计和建造的。

在100多年前，巴黎铁塔实在是一个大胆的、富有创意的、带有几分浪漫气息的设计作品。直到今天，塔的造型仍然给人以大胆新鲜和前卫艺术的印象。一般说来，人们很难把这个反传统的先锋形象同结构工程师的谨慎务实的职业性格连在一起。那么，工程师埃菲尔先生何以会想出这样有浪漫气息的铁塔形象来的呢？

铁塔高度比较

1889年是法国大革命一百周年，为纪念那次伟大革命，法国政府在之前五年就决定要在巴黎举办一个大型博览会。博览会中要树立一个大型纪念物，要求那是一个"前所未见的、能够激发公众热情"的纪念物。

巴黎铁塔

铁塔方案终于付诸实施，1887 年 1 月 28 日铁塔工程破土动工。巴黎铁塔本身重 7000t，由 18000 个部件组成。埃菲尔是极精明能干的工程师。他做工程总是事先做周密计算，在现场不再更改设计。埃菲尔铁塔的施工图有 1700 张，另有交给铁工厂加工铁构件用的详图 3629 张。基础工程用了 5 个月。接下来是铁构件的装配，历时 21 个月，一般只有 50 名工人工作，最后几星期增至 200 多人。工人都是熟练工匠。在这个大而高的铁塔施工期间没有死人事故，在当时是很难得的。

铁塔下部四个塔腿之间形成一个正方形广场，每边长 129.22m。铁塔上的第一平台距地 57.63m，第二平台距地 115.73m。第一、第二平台面积分别为 4200m^2 和 1400m^2，设有餐饮等服务设施。在距地 276.13m 高的第三平台面积很小。晴朗的日子，在那里眺望，视线可达 85km 之外。三个平台间设有分段的升降机，当初用水力驱动，最下部有特制的升降机在斜伸的塔腿内驶行。

1889 年 3 月 31 日，巴黎万国博览会开幕。因为欧洲的奥地利、德国、俄国等帝制国家对法国大革命带来的法国共和政体抱着敌视态度，开幕典礼上没有外国政府首脑参加，但开幕日仍是非常隆重热烈。一大群人循铁塔步梯的 1710 级踏步往上攀登，最终只有 20 人到达塔顶。埃菲尔自己在塔尖上升起一面法国国旗，礼炮轰鸣，他骄傲地宣称，那一刻，法国国旗飘扬在"人类建造的最高的建筑物上"。埃菲尔从塔顶下到地面时，法国总统授予他荣誉军团徽章。一位作家后来回忆道："当脚手架拆除，当国旗飘扬在埃菲尔铁塔顶上，花坛鲜花怒放，晶莹的水花从喷泉射出，巴黎人的感觉是：现实超过了梦想！"

巴黎铁塔一举达到 300m 的高度,成为那时世界上最高的人造物。共和制的法兰西当时在外交上受到君主制国家的孤立,正可借此向世人表明法国共和制度的优越性。

巴黎铁塔建成至今已有 100 多年,在 1930 年纽约市的克莱斯勒大厦建成以前,一直是世界上最高的建筑物。100 多年来,铁塔稳固安全,毅然不动。不是绝对……不动,铁塔顶部有少许的摆动是正常现象。按计算,当风速达到每小时 180km 时,塔尖摆幅为 12cm。由于太阳光移动照射,塔身各面受热不均,塔尖在一天中有微小的转动,它沿着一个小的椭圆形轨迹移动。1999 年暴风雨肆虐法国,铁塔顶端的风速达到创纪录的每小时 133mile(合 214km),铁塔主管宣称:"什么事也没有发生,只是顶端移动了 9cm,这是合理的。"铁塔的主要敌人是腐蚀,补救的方法是定期用特制的油漆涂刷。铁塔涂刷一次要用 45t 油漆。专家认为若维护得好,铁塔还能再存留几个世纪。铁塔落成当年,吸引了 200 万人去参观,现今每年的参观人数在 600 万人上下。1889 年的博览会结束后,展区的建筑物,除铁塔外,全都拆除了,其中包括宏伟的机器陈列馆。巴黎当局曾准备在 20 年后将铁塔拆除,但是随着时间的推移,铁塔在人们心中植下了根,渐渐产生了感情,再不愿失去它了。今天,铁塔已成为法国首都的标志和巴黎著名的景点。世人熟悉的铁塔形象本身成了巴黎的名片,来巴黎的旅游者谁不想去参观铁塔呢!

当年铁塔的升降机

20 世纪 50 年代，梁思成先生告诉学生，architecture 这个词源自古代希腊，由 archi 及 tecture 合成，archi 的意思是首要的、高级的；tecture 由希腊文 techne 变来，指的是"技艺"。architecture 的原意是"首要的技艺"或"高端技艺"。

四问　数千年前，古埃及古希腊
为何造出了宏伟精美的建筑？

罗马街景（吴焕加画）

古代埃及人建造的金字塔是古代世界最早和最著名的人造物。埃及吉萨地方有三座靠得很近的大金字塔。其中最大的是胡夫金字塔，塔高 146m，底边各长 230m。共用石料 230 万块，一个石块重达 2.5t。在巴黎埃菲尔铁塔建成前的 4500 年漫长时期中，胡夫金字塔一直是世上最高的建筑物。据记载，建造胡夫金字塔使用了 10 万人，历时 30 年，其中 10 年用于采石筑路，20 年用于造塔。体量庞大到可以将后世的罗马圣彼得大教堂装在其中。因金字塔内墓室空间极其狭小，所以此处不将金字塔列为"宏伟精美的建筑"。而将稍后约在公元前 1290 前后建造的卡纳克阿蒙神庙列为古代埃及名副其实的宏伟精美建筑的代表。

神庙长约 370m，宽约 114m，神庙前有塔门和方尖碑。神庙内的大殿，长 103m，宽约 51m，内有 134 根巨石柱子，中央两排石柱直径约 3.6m，高 21m，其他石柱直径 2.7m，高 14.6m。石柱刻有彩色雕饰和象形铭文，石柱常做成不同植物如纸莎草、棕榈树等形象，景象壮观动人。

埃及古建筑持续达 30 个世纪之久。其后，周边地区也出现过不同风格的建筑。其中比埃及建筑晚，但发展最兴盛，成就最高，对后世影响远超古代埃及的是稍晚出现的古希腊建筑。

问题是，古埃及为什么那么早就能出人头地，造出至今还令世人惊讶不已的宏伟建筑？古希腊人又为什么能创造出令后世仰慕不止，并且长期当成建筑形象的典范，在后世的建筑上时常模仿借用？

先说古埃及，古埃及真古，埃及第一王朝（约公元前3100—公元前2890年）是人类文明史上建立的第一个大型统一国家。时间上比中国第一个统一国家秦朝早了近三千年。

古埃及很早就有了比较有效的社会组织，周边没有强敌。尼罗河是一条宝河，能生产出足够的粮食。虽然当时没有金属工具和车轮，但有了较早的天文学和几何学知识。统治者能够调动大量人力，用"土法上马"的措施，如为将巨石升到高处，先铺设庞大的斜坡道，用人力和漫长的时间沿坡道缓慢拉曳上去。（写到这里，笔者想起新中国成立初期，我们就采用土法上马和大批上人的办法解决了许多难办的工程任务）

古代埃及建筑施工状况

古代希腊在公元前 750 年以后的 250 年间，在许多领域中迸发出巨大的能量。今天人们追溯世界上一些事物的起源时，常常要回到古希腊人那里，包括奥林匹克运动会、许多哲学的争论、民主的概念、经典的雕塑艺术，等等。很长一段时间，人们赞颂古希腊人的成就。恩格斯写道："在希腊哲学的多种多样的形式中，差不多可以找到以后各种观点的胚胎、萌芽。"（《马克思恩格斯选集》第三卷 468 页）

在建筑方面古希腊人也做出了非常卓越的成就和贡献，他们用石材建造的神庙和露天剧场等，至今令人赞赏不已。特别是雅典卫城上的建筑遗迹，千百年来一直被建筑界人士奉为古典建筑的楷模。希腊建筑造型的精粹和结晶体现在希腊建筑的"柱式"中。古希腊的建筑分为"多立克柱式""爱奥尼亚柱式"及"科林斯柱式"，它们各有特定的造型、纹饰和严谨的尺度比例等，具有不同形象风格和美感。许多建筑史书对古希腊的建筑成就和特点有详细的介绍，此处无须多说。

人们感兴趣的问题之一是：为什么希腊人在两千多年前能创造出那么精彩辉煌的建筑形象？

希腊位于地中海东部，巴尔干半岛南端，国土面积不大，地形散裂，海上交往便利，自古吸收周围地区的文化成果。古希腊有旺盛的文化创造力，文化成果丰盛，是后世欧洲及整个西方文化的重要源头。但古希腊分裂为大大小小的多个城邦，未形成统一的国家，两个最大的城邦是雅典和斯巴达，两个城邦互不团结，而且内斗不止，乐此不疲。公元前431 年，雅典与斯巴达为争夺希腊世界的霸权打了一场大战，史称伯罗奔尼撒战争，两大希腊人集团打了 27 年，至公元前 404 结束，两败俱伤，此后希腊文化走向衰落。直到公元前 146 年罗马人将希腊人最后征服，同室操戈才宣告结束。

雅典和斯巴达内部曾存在一定范围和一定程度的民主制度，因而受到近代反对专制主义人士的赞誉。但深入研究后，发现古希腊民主的实际情况与过去的了解有出入。

公元前 5 世纪早期，斯巴达的斯巴达族有一万六千人，而他们却统治着二十多万的希洛人，希洛人是被斯巴达人征服沦为其奴隶的部族。希洛人向斯巴达人缴纳实物贡赋，斯巴达人得以将全部精力和时间用于军事训练和征战，成为令人生畏的战争机器。

有一时期，斯巴达族人数达二万五千名左右，其中仅二千名成年男性有选举权，而是否有选举权取决于财产多寡。公元前 4 世纪末，享有选举权的男性公民数仅一千人左右。（阮炜，《文明的表现》，北京大学出版社，2001 年，153 页）

有学者认为，雅典在剥削压榨奴隶方面，与斯巴达相比，有过之而无不及。雅典人在处理内部关系方面也有很多问题。他们不仅以外族人当奴隶，而且以本族人当奴隶。雅典曾投票通过法律，剥夺双亲中有一方不是在雅典出生的公民的选举权。一项资料表明，公元前 431 年，雅典城邦内部，五万人左右的成年男性公民统治压榨着五万五千个奴隶（同上书，154 页）。古希腊在文化艺术方面的高超成就是不能否认的，但事情还有另一面。希腊大哲学家苏格拉底（公元前 469—公元前 399）晚年因藐视传统宗教败坏青年等名目被判罪，公民机构投票判他死刑，他拒绝乞求赦免和逃亡，饮鸩而死。

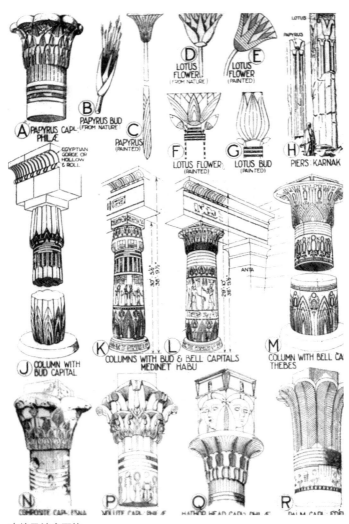

古埃及神庙石柱

公元前 6 至 5 世纪，波斯人进犯希腊世界，雅典人联合或胁迫小邦组成提洛同盟，入盟城邦需交纳盟金，打退波斯人后，入盟城邦被迫继续向雅典人交纳盟金，那些盟邦人民实际已沦为雅典的奴隶。雅典得胜后，这个号称"全希腊的解放者"自己却搞起强权政治。汤因比认为，公元前 478 年以后的雅典实际上把提洛同盟变成了雅典帝国。（同上书，153 页）

人们对希腊文化的探究长盛不衰。长久以来，有人把雅典卫城上的帕提农神庙视作西方文明的标志，有人认为只有在民主思想的土壤上才能出现那样的建筑。但是渐渐出现了不同的看法。据笔者所知，1995 年在柏林召开的考古学家和历史学家大会上，有研究者指出，卫城建筑建造时，是奴隶和外邦人从事繁重劳动，是他们把沉重的石材从远处运到现场。雅典盛期人口数目说法不一，有说连周围地区人口算在内约 30 万人到 40 万人，其中公民约 15 万人。单靠那三四十万人的出产不可能造出卫城上那些大费钱财的建筑。为此动用的是提洛同盟储存在雅典的财富，数目相当于提洛同盟 20 年的收入。（威廉·弗格莱，《希腊帝国主义》，上海：三联书店，2005：267）

在 1995 年的柏林学术讨论会上，有位教授做结论说："有一点可以肯定，这个建筑（是指帕提农神庙）不可能如人们迄今所认为的那样是人民民主政治最早的纪念碑。"（德国《明镜》周刊 1995.7.17，中译见《参考消息》1995.8.02）

古代希腊神庙

古希腊帕提农神庙

但是，帕提农神庙何以能在建筑处理上做得那么优美细致得体？

这座神庙的总体形是一个长方形两坡顶的矩形建筑。这样的体形是从很早的民房演变而来，后来按照这种方式，用石料建造了许多神庙。匠师们在持续的实践中一次次改进、微调、修正，熟能生巧，终于摸索出最令人满意的造型尺度和形象比例。新的帕提农神庙于公元前 447 年开建，公元前 438 年竣工。公元前 431 年完成建筑上的雕刻。卫城建筑当年的施工过程和详细情形已不易了解。施工队伍中必然包括有不同水平的大匠和大雕刻家。

与中国古代有差别的是当年希腊的石雕特别发达，达到古代世界石雕艺术的顶峰。看到过古希腊著名的"罗德岛的维纳斯像"的图像的人，就会认同这看法。帕提农神庙上的雕像由当时希腊著名雕刻家费地和他的门人制作，是无与伦比的石雕作品。18 世纪意大利雕刻家坎诺瓦说："所有其他的雕像都是石头做的，只有这些是有血有肉的。"（陈志华，《外国古建筑二十讲》，北京三联书店，2002，16）

可以说，希腊古代雕刻艺术的高度发展和杰出雕刻艺术大师的亲身参与，是帕提农神庙建筑艺术成就的关键因素，或许可以说帕提农神庙是雕塑的建筑或建筑的雕塑。

希腊衰败后，卫城上的建筑屡遭包括战火的毁坏。在 1687 年的一次战争中，土耳其人将帕提农神庙用作火药库，被炮弹击中爆炸，损坏严重。建筑的残物四散世界各处。1800 年，英国驻土耳其大使还从希腊买走了神庙上的 12 座雕像，15 块多立克式柱廊上的方形雕版和 56

块从爱奥尼式檐壁上撬下来的雕刻物。（陈志华，《外国古建筑二十讲》，北京三联书店，2002，20）

马克思在《政治经济学批判》中有一些关于古代希腊艺术的论述：

"关于艺术，大家知道，它的一定的繁盛时期绝不是同社会的一般发展成比例的，因而也绝不是同仿佛是社会组织的骨骼的物质基础的一般发展成比例的……因此，在艺术本身的领域内，某些有重大意义的艺术形式只有在艺术发展的不发达阶段上才是可能的……"

"希腊艺术的前提是希腊神话，也就是已经通过人民的幻想用一种不自觉的艺术方式加工过的自然和社会形式本身。"

"但是，困难不在于理解希腊艺术和史诗同一定社会发展形式结合在一起。困难的是，它们何以仍然能够给我们以艺术享受，而且就某方面说还是一种规范和高不可及的范本。"

"一个成人不能再变成儿童，否则就变得稚气了。但是儿童的天真不使他感到愉快吗？他自己不该努力在一个更高的阶梯上把自己的真实再现出吗？在每一个时代，它的固有的性格不是在儿童的天性中纯真地复活着吗？为什么历史上的人类童年时代，在它发展得最完美的地方，不该作为永不复返的阶段而显示出永久的魅力呢？有粗野的儿童，有早熟的儿童。古代民族中有许多是属于这一类的。希腊人是正常的儿童。它们的艺术对我们所产生的魅力，同它在其中生长的那个不发达的社会并不矛盾。它倒是这个社会阶段的结果，并且是同它在其中产生而且只能在其中产生的那些未成熟的社会条件永远不能复返这一点分不开的。"（写于1857年8月底~9月中，《马克思恩格斯选集》第2卷，人民出版社，1973，113~114页）

人们一般认为古代希腊卓越的艺术成就与那个社会的不完善是矛盾的。其实并不矛盾。

事实上，多数人在赞颂帕提农神庙时，在为它的造型的优美所吸引时，往往是单就它的形式即造型的精巧细致而言的，与现代的建筑相比，它们大都没有复杂的功能要求，没有结构、水、电、暖等方面的麻烦事，也没有投资、销售、市政规章及保安等多方面杂乱的课题。古代世界的建筑往往相对单纯而简单。

从考古学家的发现来看，世界各地的先民往往都有今人惊讶的"艺术"成果。单就中国来说，古代的玉雕、丝织品、铜器、青铜器、瓷器等，这些古物构思之奇特，造型之优美，工艺之奇巧，都远远超出一般人的想象。其中某些精品名品的成就，例如商代的司母戊方鼎虽然不是同类，但在工艺成就方面与古希腊建筑名作属于同等水平。

笼统地说，古代世界的这些成就都是"工匠精神"的成果。工匠们锲而不舍，每做一次，改进一点，终于做出精品。帕提农神庙之前，希腊已造过多个类似的神庙，持续改进，终于出现精品中的精品。

与自然科学相比，建筑学多了社会性；与人文社会科学相比，建筑学多了科技内容；与艺术相比，建筑学多了实用性；与哲学相比，建筑学多了对物质问题的探究。建筑师要为各式各样的人、各式各样的需求服务，从最低限度的需要到最高层级的享受都要熟悉，都得研究，所需的知识结构五花八门，不胜枚举。

建筑学这个行当的任务特殊又广泛。它为人类的生存和发展提供多种多样的庇护所、平台、舞台、场所与环境。与其他人造物相比，一个显著的不同点在于，房屋建筑将人和人的活动覆盖、庇护和包容在它的内部、外部和影响之下，可以说是对人进行着全覆盖。

05

五问　大学设建筑系不到二百年，而数千年前就有了精美卓越的建筑，怎么回事？

Napoli（吴焕加画）

这一问的回答在前面已部分触及。

在现代大学设建筑系之前，早有无数的人从事盖房子造建筑的活动。在重要的较大的建筑项目中，总有负责的人员和一般工匠一同在工作。历史上建筑工程如何具体进行，极少记载，唐代大师柳宗元在他的"梓人传"中记述了一位杨姓建筑匠师的一些工作情况。杨师傅脑中先有建筑设计方案，接着指挥施工，那位杨师傅即是唐时的一位建筑师。"梓人传"写道：

> "问其能，曰：吾善度材，视栋宇之制，高深圆方短长之宜，吾指使而群役焉。舍我，众莫能就一宇。"

柳宗元又随梓人到建筑工地现场观看，见许多工人"或执斧斤，或执刀锯，皆环立向之。梓人左持引，右执杖，而中处焉。量栋宇之任，视木之能举，挥其杖曰'斧！'彼执斧者奔而右。顾而指曰：'锯！'彼执锯者趋而左。俄而，斧者斫，刀者削，皆视其色，俟其言，莫敢自断者。其不胜任者，怒而退之，亦莫敢愠焉。（梓人）画宫于堵，盈尺而曲尽其制，计其毫厘而构大厦，无进退焉。既成，书于上栋曰'某年某月某日某建。'则其姓字也，凡执用之工不在列。余圜视大骇，然后知其术之工大矣"。（《古文观止——第三册晋唐文》，陕西人民出版社）

就中国来说，"建筑师"这个职业和名号是舶来品，流行于 20 世纪，不过，有人认为建筑师职业在中国还没有与先进国家完全接轨。有著作写道：

> "在中国人的建筑师事务所创建 70 余年后的 1995 年，我国颁布了《中华人民共和国注册建筑师条例》，翌年公布了《中华人民共和国注册建筑师条例实施细则》，正式承认并实施了国际通行的建筑师资格注册制度，规定了建筑师的职业、资格和权利义务，标志着职业建筑师制度在中国内地的开始。但是……对建筑师职能的详细规定和对权利义务的研究界定还未展开，可以说，中国职业建筑师的体制建设还远未展开。"（姜涌，《建筑师职能体系与建造实践》，清华大学出版社，2005，25 页）

事实上，西方发达国家现代职业建筑师的出现也是相当晚的事。

19 世纪初期，在美国先发达的城市费城、纽约、波士顿等，专业建筑师还是新事物，人数寥寥。大量房屋建筑仍由营造商（builder）承建。在营造厂制度中，工匠师徒相传，造一般房屋不用绘图，遇到复杂任务，业主想预知未来新房的样貌，营造厂便找位绘图员画几张图。过去上海承造建筑的洋行中有的设一个"打样间"，其中的人员专管画图，被上海人叫作"打样鬼"。

有位名叫加利尔（James Gallier）的美国建筑师在 1864 年出版的自传中写道：

> "我于 1832 年 4 月 14 日到纽约，原想在大城市中容易按我的专业找到工作，但是我发现大多数人都弄不懂什么是专业建筑师（professional architect）。营造商们，他们本人是木匠或泥水匠，全把自己称为建筑师（architect）。在那个时候，有的业主要看建筑设计图，营造商就雇个可怜的绘图员画几张图，付给他一点点钱。当时的纽约大约只有半打绘图员。这样搞出的图样其实没有多大用处。要盖房子的人，一般是先看中一个合乎自己需要的盖好的房屋，然后与营造商讨价还价，让他们按照样子建造一幢，也许按业主指出的做若干改动。但是这种做法不久就改变了。改成业主先去雇个建筑师，然后才去找营造商。按照这个新办法，公私建筑的风格很快有了改进。"

传记中写道："严格地说，当时纽约只有一个建筑师事务所，是由陶恩和戴维斯合伙经营的（Town and Davis）。"（Autobiography of James Gallier Architect, Paris, 1864, 此处转引自 T.Hamlin: Greek Revival Architecture in America, 1944, p140）

这位传记作者本人在英国受建筑教育，回到美国多少有些失望。由营造商包办建筑任务和专业建筑师先做设计这两种做法并存过一段时期。

最早出现专业建筑师的是英国，这与英国最先发生工业革命有关。起初，木工出身的建筑师和受传统古典建筑培养的建筑师，都不知如何利用钢铁等新型建筑材料，无法设计和建造新型建筑物。他们不得不将建筑设计和创新的工作让给受过高等教育有广博知识的专业建筑师。1834 年英国成立"英国建筑师学会"，1837 年取得皇家学会资格，改称"英国皇家建筑师学会"（The Institute of British Architects），宗旨是开展学术讨论，提高建筑设计水平，保障建筑师的职业标准。

美国建筑师学会（AIA）于 1857 年成立。宗旨是提高建筑师的道德、地位和素质。1865 年美国第一个建筑学院成立于麻省理工学院，标志专业建筑师教育在美国的开始。

上面说英国较早出现专业建筑师，这与英国最先实行工业革命有关，这里面起作用的首先是出现了高性能的新的建筑材料：先是铁后是钢。恩格斯描述当时英国的情形道：

> "发展得最快的是铁的生产……炼铁炉建造得比过去大 50 倍，矿石的熔解由于使用热风而简化了，铁的生产成本大大降低，以致过去用木头或石头制造的大批东西，现在都可以用铁制造了。"
>
> （《马克思恩格斯全集》，第二卷，人民出版社，1957 年，第 291~292 页）

19 世纪 60 年代以后，房屋中的铁结构又逐渐为钢结构所替代。

1870 年世界钢产量为 50 万 t，1900 年至 2800 万 t，1913 年又增至 6540 万 t。钢材渐渐成为建筑中主要材料。

工业革命不单是生产工具的变化，而且引出社会生活出现全面深刻的变化，其中一项便是房屋建筑类型迅速地多样化复杂化。火车站、电影院、数十层的超高层大厦等都是历史所没有的。由于医学的进步，医院从临终前的灵魂慰藉所改为治疗机构，医院设计牵涉多门知识，大中型医院建筑设计十分复杂。师傅带徒弟出来的木工建筑师遇到困难，无法施展才能，难以为继。

可以说，迄今为止，近代工业革命在建筑史上是影响最广泛最深刻的一个分水岭。在此之前，房屋建筑业属于手工业，工业革命以后，房屋建筑业的属性变为半手工业半机械工业。直到今日，在世界许多地方仍是如此，还没有全机械化。这主要是由房屋建筑生产过程的特性决定的。

与历史上的房屋建筑比较，现代的房屋建筑本身出现了非常剧烈的变化。现在的房屋建筑要有周密的规划和精准的计算，解决复杂的力学问题，遇到钢、铝及不断出现的新材料，有水、电、暖等问题，施工中要用多种机电设备，要抗震防水节能……现代专业建筑师必须要有多方面的科学和人文知识，师傅带徒弟培养出来的木匠工匠石匠顶不住了。

现代大学设建筑系是社会发展的需要，是建筑进步的需要。受过高等院校建筑专业教育的专业建筑师需要具有广泛的文化背景，长于绘图美术及建筑实体与空间的塑造，对有关建筑的其他技术学科虽不是专家，但需要了解它们的基本原理和需求，能与各方专家沟通，将各种要求纳入建筑综合体并做出决断。

现代大学中设置建筑系有效地培养高级建筑人才，但是，由于建筑学的学科本质是实践性的，在大学建筑系打下必要的人文和技能的基础之后，学习者还有必要在实际工程中经历一段时期的实践学习，方能取得完全的高级建筑人才的资格。

格罗皮乌斯和包豪斯校舍

格罗皮乌斯（Walter Gropius，1883—1969）出生于柏林，青年时期在柏林和慕尼黑高等学校学习建筑，1907—1910 年在柏林著名建筑师贝伦斯的建筑事务所中工作。

1919 年，第一次世界大战刚刚结束，格罗皮乌斯在德国魏玛筹建魏玛建筑学校（Das Staatlich Bauhaus，Weimar）。这是由原来的一所工艺学校和一所艺术学校合并而成的培养新型设计人才的学校，简称包豪斯（Bauhaus）。

格罗皮乌斯早就认为"必须形成一个新的设计学派来影响本国的工业界，否则一个建筑师就不能实现他的理想"。格罗皮乌斯担任包豪斯的校长后，按照自己的观点实行了一套新的教学方法。 这所学校设有纺织、陶瓷、金工、玻璃、雕塑、印刷等学科。学生进校后先学半年初步课程，然后一面学习理论课，一面在车间中学习手工艺，3 年以后考试合格的学生取得"匠师"资格，其中一部分人可以再进入研究部学习建筑。所以包豪斯主要是一所工艺美术学校。

在格罗皮乌斯的指导下，这个学校在设计教学中贯彻一套新的方针、方法，它有以下一些特点：第一，在设计中强调自由创造，反对模仿因袭、墨守成规。第二，将手工艺同机器生产结合起来。格罗皮乌斯认为新的工艺美术家既要掌握手工艺，又要了解现代工业生产的特点，用手工艺的技巧创作高质量的产品设计，供给工厂大规模生产。第三，强调各门艺术之间的交流融合，提倡工艺美术和建筑设计向当时已经兴起的抽象派绘画和雕塑艺术学习。第四，培养学生既有动手能力又有理论素养。第五，把学校教育同社会生产挂上钩，包豪斯的师生所做的工艺设计常常交给厂商投入实际生产。由于这些做法，包豪斯打破了学院式教育的框框，使设计教学同生产的发展紧密联系起来，这是它比旧式学校高明的地方。

但是更加引人注意的是20世纪20年代包豪斯所体现的艺术方向和艺术风格。20世纪初期，西欧美术界中产生了许多新的潮流如表现主义、立体主义、超现实主义等。战后时期，欧洲社会处于剧烈的动荡之中，艺术界的新思潮、新流派层出不穷，此起彼伏。在格罗皮乌斯的主持下，一些最激进流派的青年画家和雕塑家到包豪斯担任教师，其中有康定斯基、保尔·克利（Paul Klee）、费林格（Lyonel Ferninger）、莫何里·纳吉（Lazslo Moholynagy）等人，他们把最新奇的抽象艺术带到包豪斯。一时之间，这所学校成了20世纪20年代欧洲最激进的艺术流派的据点之一。

表现主义、立体主义、超现实主义之类的抽象艺术，在形式构图上所做的试验对于建筑和工艺美术来说具有启发作用。正如印象主义画家在色彩和光线方面所取得的新经验丰富绘画的表现方法一样，立体主义和构成主义的雕塑家在几何形体的构图方面所做的尝试对于建筑和实用工艺品的设计是有参考意义的。

在抽象艺术的影响下，包豪斯的教师和学生在设计实用美术品和建筑的时候，摒弃附加的装饰，注重发挥结构本身的形式美，讲求材料自身的质地和色彩的搭配效果，发展了灵活多样的非对称的构图手法。这些努力对于现代建筑的发展起了有益的作用。

实际的工艺训练，灵活的构图能力，再加上同工业生产的联系，这三者的结合在包豪斯产生了一种新的工艺美术风格和建筑风格。其主要特点是：注重满足实用要求；发挥新材料和新结构的技术性能和美学性能；造型整齐简洁，构图灵活多样。

包豪斯的建筑风格主要表现在格罗皮乌斯这一时期设计的建筑中。1920 年前后，格罗皮乌斯设计并实现的建筑物有耶拿市立剧场（City Theater，Jena，1923，与 A. 梅耶尔合作）、德骚市就业办事处（1927）等，最大的一座也是最有代表性的是包豪斯新校舍。

1925 年，包豪斯从威玛迁到德骚市，格罗皮乌斯为它设计了一座新校舍，1925 年秋动工，次年年底落成，包豪斯校舍包括教室、车间、办公室、礼堂、饭厅和高年级学生的宿舍。德骚市另外一所规模不大的职业学校也同包豪斯放在一起。

校舍的建筑面积接近 1 万 m^2，是一个由许多功能不同的部分组成的中型公共建筑。格罗皮乌斯按照各部分的功能性质，把整座建筑大体上分为三个部分。第一部分是包豪斯的教学用房，主要是各科的工艺车间。它采用 4 层的钢筋混凝土框架结构，面临主要街道。第二部分是包豪斯的生活用房，包括学生宿舍、饭厅、礼堂及厨房、锅炉房等。格罗皮乌斯把学生宿舍放在一个 6 层的小楼里面，位置是在教学楼的后面，宿舍和教学楼之间是单层饭厅及礼堂。第三部分是职业学校，它是一个 4 层的小楼，同包豪斯教学楼相距约二十多米，中间隔一条道路，两楼之间有过街楼相连。两层的过街楼中是办公室和教员室。除了包豪斯教学楼是框架结构之外，其余都是砖与钢筋混凝土混合结构，一律采用平屋顶、外墙面用白色抹灰。

包豪斯校舍的建筑设计有以下一些特点：

（1）把建筑物的实用功能作为建筑设计的出发点。学院派的建筑设计方法通常是先决定建筑的总的外观形体，然后把建筑的各个部分安排到这个形体里面去。在这个过程中也会对总的形体做若干调整，但基本程序还是由外而内。格罗皮乌斯把这种程序倒了过来，他把整个校舍按功能的不同分成几个部分，按照各部分的功能需要和相互关系定出它们的位置，决定其形体。包豪斯的工艺车间，需要宽大的空间和充足的光线，格罗皮乌斯把它放在临街的突出位置上，采用框架结构和大片玻璃墙面。学生宿舍则采用多层居住建筑的结构和建筑形式，面临运动场。饭厅和礼堂既要接近教学部分，又要接近宿舍，就正好放在两者之间，而且饭厅和礼堂本身既分割又连通，需要时可以合成一个空间。包豪斯的主要入口没有正面对着街道，而是布置在教学楼、礼堂和办公部分的接合点上。职业学校另有自己的入口，同包豪斯的入口相对而立，这两个入口正好在进入校区的通路的两边。这种布置对于外部和内部的交通联系都是比较便利的。格罗皮乌斯在决定建筑方案时当然有建筑艺术上的预想，不过他还是把对功能的分析作为建筑设计的主要基础，体现了由内而外的设计思想和设计方法。

（2）采用灵活的不规则的构图手法。不规则的建筑构图历来就有，但过去很少用于公共建筑之中。格罗皮乌斯在包豪斯校舍中灵活地运用不规则的构图，提高了这种构图手法的地位。

包豪斯校舍是一个不对称的建筑，它的各个部分大小、高低、形式和方向各不相同。它有多条轴线，但没有一条特别突出的中轴线。它有多个入口，最重要的入口不是一个而是两个。它的各个立面都很重要，各有特色。建筑体量也是这样。总之，它是一个多方向、多体量、多轴线、多入口的建筑物，这在以往的公共建筑中是很少有的。包豪斯校舍给人印象最深的不在于它的某一个正立面，而是它那纵横错落、变化丰富的总体效果。

格罗皮乌斯在包豪斯校舍的建筑构图中充分运用对比的效果。这里有高与低的对比、长与短的对比、纵向与横向的对比等，特别突出的是发挥玻璃墙面与实墙面的不同视觉效果，造成虚与实、透明与不透明、轻薄与厚重的对比。不规则的布局加上强烈的对比手法造成了生动活泼的建筑形象。

（3）按照现代建筑材料和结构的特点，运用建筑本身的要素取得建筑艺术效果。包豪斯校舍部分采用钢筋混凝土框架结构，部分采用砖墙承重结构。屋顶是钢筋混凝土平顶，用内雨水管排水。外墙面用水泥抹灰，窗户为钢窗。包豪斯的建筑形式和细部处理紧密结合所用的材料、结构和构造做法，由于采用钢筋混凝土平屋顶和内雨水管，传统建筑的复杂檐口失去了存在的意义，所以包豪斯校舍完全没有挑檐，只在外墙顶边做出一道深色的窄边作为结束。

在框架结构上，墙体不再承重，即使在混合结构中，因为采用钢筋混凝土的楼板和过梁，墙面开孔也比过去自由得多。因此可以按照内部不同房间的需要，布置不同形状的窗子，包豪斯的车间部分有高达 3 层的大片玻璃外墙，还有些地方是连续的横向长窗。宿舍部分是整齐的门连窗。这种比较自由而多样的窗子布置来源于现代材料和结构的特点。

包豪斯校舍没有雕刻，没有柱廊，没有装饰性的花纹线脚，它几乎把任何附加的装饰都排除了。同传统的公共建筑相比，它是非常朴素的，然而它的建筑形式却富有变化。除了前面提到的那些构图手法所起的作用之外，还在于设计者细心地利用了房屋的各种要素本身的造型美。外墙上虽然没有壁柱、雕刻和装饰线脚，但是把窗格、雨罩、挑台栏杆、大片玻璃墙面和抹灰墙等恰当地组织起来，就取得了简洁清新富有动态的构图效果。在室内也是尽量利用楼梯、灯具、五金等实用部件本身的形体和材料本身的色彩和质感取得装饰效果。

教学车间

当时包豪斯校舍的建造经费比较困难，按当时货币计算，每立方英尺建筑体积的造价只合 0.2 美元。在这样的经济条件下，这座建筑物比较周到地解决了实用功能问题，同时又创造了清新活泼的建筑形象。应该说，这座校舍是一个很成功的建筑作品。格罗皮乌斯通过这个建筑实例证明，摆脱传统建筑的条条框框以后，建筑师可以自由地灵活地解决现代社会生活提出的功能要求，可以进一步发挥新建筑材料和新型结构的优越性能，在此基础上同时还能创造出一种前所未见的清新活泼的建筑艺术形象。包豪斯校舍还表明，把实用功能、材料、结构和建筑艺术紧密地结合起来，可以降低造价，节省建筑投资。同学院派建筑师的做法相比较，这是一条多、快、好、省的建筑设计路线，符合现代社会大量建造实用性房屋的需要。

有人认为包豪斯校舍标志着现代建筑的新纪元，这个说法未免过誉，但这座建筑确实是现代建筑史上的一个重要里程碑。

清代文人纪昀（纪晓岚，1724—1805）在他的《阅微卓堂笔记》的《槐西杂志》一文中有这样几句话：

　　　　"天下之势，辗转相胜；天下之巧，层出不穷，
　　　　千变万化，岂一端所可尽乎。"

　　这话不是就建筑说的，我们将"天下之势"改为"天下之建筑"，借来描述建筑领域的事却相当合适。一部世界建筑史正是这样绵延过来的。建筑领域总是"辗转相胜"，"千变万化"，建筑之巧"层出不穷"，绝非一种观念、数个型制和几个流派所能概括和终结的。过去这样，现在和将来也是这样。

六问　我国有悠久丰富的建筑传统，近代的建筑转型和转轨能否避免？

苏州园林一角（吴焕加画）

1934年12月,《中国营造学社汇刊》第五卷第三期载鲍鼎、刘敦桢和梁思成三位先生合写的文章《汉代的建筑式样与装饰》,文中写道:

> "汉代遗物所示的屋顶、瓦饰、斗栱、柱、梁、门、窗、发券、栏杆、台阶、砖墙和高层建筑的比例,在原则上,一部分与唐、宋以来,至明、清的建筑,并无极大的差别,并且一部分显然表示其为后代建筑由此改进的祖先。故自汉至清,在结构和外观上,似乎一贯相承,并未因外来影响,发生很大的变化。"(1934年12月,《中国营造学社汇刊》第五卷第三期)

1934年1月,林徽因先生为梁思成先生所著《清式营造则例》一书所写的第一章绪论,开头一段话为:

> "中国建筑为东方独立系统,数千年来,继承演变,流布极广大的区域。虽然在思想及生活上,中国曾多次受外来异族的影响,而中国建筑直至成熟繁衍的后代,竟仍然保存着它固有的结构方法及布置规模;始终没有失掉原始面目,形成一个极特殊、极长寿、极体面的建筑系统。故这一系统建筑的特征,足以加以注意的,显然不单是其特殊的形式,而是产生这特殊形式的基本结构方法,和这结构法在这数千年中单顺序的演进。"(梁思成,《清式营造则例》,北京:中国建筑工业出版社,1981.3)

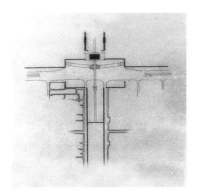

天安门前原状

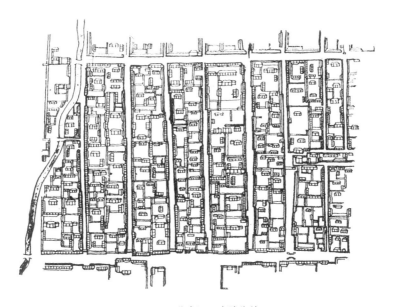

北京新中国成立前天安门旧貌

北京旧四合院街坊

几位前辈的论述指明中国传统经典建筑的要点，林徽因先生的"极特殊、极长寿、极体面"九个字简明地概括出中国传统建筑在世界建筑史中所占的特殊地位，像中国这样"三极"俱全的传统建筑在世界建筑史中可说是绝无仅有。中国各地那些巍峨壮观的宫殿、高耸的佛塔、秀美隽永的园林……都是千百年来中国匠师的创造。

但是，到了1890年，张之洞办洋务，建造汉阳制铁局，后称汉阳铁厂，从英国聘来工程师设计和监工，1893年建成，是远东第一座钢铁联合企业。又设汉阳枪炮厂，后称汉阳兵工厂，由德国人设计，这个兵工厂生产的"汉阳造"步枪曾经闻名全国。这些工厂用钢梁钢柱和大跨度钢桁架。

这些建筑工程为什么不交给清廷的御用建筑机构"样式雷"去办呢？

答案很简单，千百年来，中国匠师擅长石工木工砖活，到清末，时异事殊，中国师傅遇见西洋钢铁，拿它没有办法。"非不为也，是不能也。"

林徽因先生指出的"极特殊"与"极体面"两点属于精神思想观念评价的范畴，不存在实质性问题，但"极长寿"则可引出不同评价。长寿有两种，一种是不时新陈代谢的长寿；一种是保持旧状的长寿。

　　过去，人们赞赏十年磨一剑，而中国人在盖房子方面竟然两千多年磨一个系统。这种现象有益的方面，即好的古的东西活得长久，但同时表明中国过去的建筑业进步、创新、变法太少太慢，停步停滞超过两千年。故此我们的大学建筑系讲中国古代建筑史课，只需一册薄薄课本就把从原始社会到清朝末年的建筑全包括在内了。我们不能责怪前人，建筑是社会时代的产物，与社会经济基础和社会上层都有关系。

天坛圜丘

天坛

苏州网师园

但是到了清末，中国遇到李鸿章所谓"三千年未有之变局"，局面就非改不可了。前述张之洞弃"样式雷"而聘英德人员设计监理钢铁厂即为一个例证。

清朝末年，西洋事物传入中土常常遭遇阻力。火车、电报到中国之初，有士大夫"闻铁路而心惊，睹电杆而泪下"。清末小说《官场现形记》第四十六回里一位清朝官员说："臣是天朝的大臣，应该按照国家的制度办事。什么火车、轮船，走得虽快，总不外乎奇技淫巧。"然而过不多久，清代官员便用起电报坐上火车了。

然而，外国建筑登陆中国却很快被认可了，而且还受到中国上下人等（"义和团"除外）的普遍欢迎。

清末建造的新型建筑

清末中国人按外来的技艺建造的新型建筑陆军部

清末最高统治者慈禧本人在接受和使用洋建筑方面就是一个带头者。

1900 年八国联军侵华，慈禧逃往西安，次年返回北京后曾对外国大使夫人说："当余居西安时，虽以督署备余行宫，然其建筑太老，湿重，且易致病。余寓其中，如入地狱。继皇帝又因是病矣。"在另一次会见外国使节夫人时她还说："吾国虽古，然无精美之建筑如美国者，知尔见之，必觉各物无不奇特，吾今老矣！不者，吾且周游全球，一视各国风土。吾虽多所诵读，然较之亲临其处而周览之，则相去甚远。"（清，裕德菱《清宫禁二年记》）

1908 年，清廷为慈禧乘船去颐和园，在西直门外为她建造的行宫"畅观楼"落成，慈禧到这个仿欧洲巴洛克式的两层楼去了一次，很是喜欢，表示还要再去，可是当年就去世了。

李鸿章晚年在上海为他的一个小妾建洋房，名"丁香花园"，聘美国建筑师（名艾赛亚·罗杰斯），按当时美国流行样式建造了一座花园别墅。

清末民初的国学大师、保皇派首领康有为晚年在青岛买下一座原德国官员的官邸，老康先生在日记中记下了自己住进洋房的快慰心情。畅观楼，丁香花园，康有为故居这三座洋楼，今天都还在。

慈禧、李鸿章和康有为这三位，自身就是中国传统的产物，他们对传统文化的挚爱、忠诚和执着，不容置疑。三位都在顶级的中国传统建筑环境中出生和成长，受传统建筑文化的长期熏陶，对祖传的宫殿、四合院、胡同等太熟悉了。然而，他们遇着外国建筑却毫无格格不入之感，对于外国建筑师打造的洋房，不但不排斥，反而违反祖制，不顾夷夏之别，主动地、愉快地，比大多数中国人早得多地住进洋房。

梁思成先生在他的《中国建筑史》绪论中写道："最后至清末……旧建筑之势力日弱。"到民国时期，中国城市里的洋建筑越来越多。除了真洋人外，住在里面的不是中国的高官显贵便是富商巨贾，不是前朝遗老遗少也是今日社会精英，总之，都是高等华人，普通人和贫苦大众只能望洋房兴叹。

中国土地上早期的洋式建筑大都是外国人设计监造的。但 1906 年，清政府设立的陆军部机关已是中国技术人员自行建造的。当年，清政府把现在北京张自忠路的一座王府拆掉，抛开中国传统衙门建筑老样式，用灰砖造出从来没有过的两层既洋又中的新型楼房。这座楼房的设计与施工都是中国人完成的。有记载说："委员沈琪绘具房图，拟定详细做法，督同监工各员监视全署一切工程……于光绪三十三年七月间全工一律完竣。"

外国建筑传入中国，正是西方列强以武力为手段，企图将中国变为他们的殖民地的时期，洋建筑登陆与列强入侵直接关联。有人把那个时期出现在中国的洋建筑，视为西方侵略行径的组成部分是有理由的。

不过我们也要看到，只要中国原有建筑体系没有在近代自主地提升，即使没有列强对中国的武力入侵，外国的近代和现代建筑也会传入中国。世界许多国家的建筑进程说明了这一点。

为什么呢？因为，建筑技术及其他物质层面，一般说来，总是由先发达地区向后发达地区传播和扩散，而建筑技术及其他物质层面，正是一种建筑体系所形成的基础。

中国社会变化虽然在近代比较迟滞，但进入 20 世纪后，还是出现了与封建农业社会大不相同的生产方式和生活方式，提出了许多新的建筑课题。始终保持原始面目的传统建筑体系不能满足新的建筑需求，这给外国建筑体系来到中国提供了机遇。

1911 年清朝覆灭，由此到 1937 年抗日战争爆发前，中国经历了特殊时期。沿海省份发展很快，是中国建筑转型转轨的重要时段。许多中国青年从欧美建筑学府学成归国，中国有了自己的高水平的专业建筑师。

　　1928 年上海有近 50 家外国建筑设计机构，中国人办的仅有数家。到 1936 年，外国人办的降至不足 40 家，中国机构增至 12 家。更有意义的是当年的"海归派"在中国大学中办起了建筑系，自己培养建筑师了。1927 年南京中央大学设建筑系，第一班招收六名学生。1930 年张学良在沈阳办东北大学设建筑系，梁思成任系主任。这些举措为抗日战争期间和新中国建筑事业打下了基础。

清华大学大礼堂

沈阳同仁堂

上海早期建造的新型建筑
汇中饭店（1908 年）

北京民族文化宫

南京中山陵碑文（吕彦直设计）
（1926-1929 年）

北京中国美术馆（戴念慈设计）
（1959 年）

南京中山陵入口

锦州辽沈战役纪念馆（戴念慈设计）
（1986 年）

建筑评论家詹克斯（Charles Jencks，1939）说："非线性建筑将在复杂科学的引导下，成为下个千年的一场重要的建筑运动。"他的看法过于乐观。与建筑业有关的因素太多太多，一种或几种新兴的科学概念和学科不足以引出一场全面的"建筑运动"，但是新的概念，包括艺术、文学、科学，却能引出建筑艺术方面新的潮流、新的时尚和新的流派。

少批判精神。""目前的研究还不足以从理论上协助解答当前现实建设中的矛盾与出路。"（阎凤祥，《诗意栖居：重读建筑学》下册，北京：中国轻工业出版社，2011，p542）

全是苦闷的象征。

稍微扩大眼界，就可知在多个学术领域中，分歧与混乱现象所在多有，并不罕见，并不是建筑界所独有。而且，上述的苦闷即使在建筑圈子中也非主流或共识。

与建筑关系密切的美学就是"混乱"的一例。德国美学家莫里茨·盖格尔（M.Geiger，1880—1937）所著《艺术的意味》，被认为是现象学美学"第一部严格意义上的理论著作"。此书的中译者艾彦在译者序中写有这样一段，他说：

> "虽然古往今来有无数杰出的美学思想家在这个领域中不停地煞费苦心、辛勤耕耘，但却从来没有得到过能够令大多数人满意的收获——迄今为止，美学不仅没有完整严密的理论体系，没有系统严谨的公理系统，而且，更令人难堪的是，它甚至连自己的研究对象究竟是什么，都无法提供准确的界定和说明。难怪以现代西方逻辑实证主义为代表的一些研究者，要对美学存在的合理性提出怀疑了。"（莫里茨·盖格尔《艺术的意味》，艾彦译，南京：译林出版社，2012.1）

可见，从古到今，一代代的美学家研究了两千多年，美学理论的状况仍然不能令人满意。

但是，事情还有另外一面，虽然美学家的理论如此混乱，而艺术家们不为所动，仍然不停地兴致盎然地积极创作，大量推出艺术作品，其间还屡见精品。

观察事物，特别是学术类的事物，我们既要考察其理论方面的情况，同时要注意其实践方面的情况。

毛泽东在《实践论》中写道："辩证唯物论的认识论把实践提到第一的地位，认为人的认识一点也不能离开实践……判定认识或理论之是否真理，不是依主观上觉得如何而定，而是依客观上社会实践的结果如何而定。真理的标准只能是社会的实践。"（《毛泽东选集》，北京：人民出版社，1966，p273）

近数十年来，中国经济发展的迅速世所未见，如果没有建筑事业的相应发展和配合是不可能实现的。这里面不只是房屋建筑数量的增大，也包括建筑质量的提升，还包括建筑人才的增添。

数量和人才没有争议，而提到质量，问题就来了。争论不在于大量建造的建筑，而是集中在少数大型公共建筑上，特别是那些所谓标志性、地标性建筑身上，如国家大剧院、央视新楼、某些大城市的航站楼和演出建筑等，争论最厉害的则是其中几个外国建筑师做方案的那几个大型建筑。

这批新建筑的形象非常突出，十分耀眼，它们与人们已知的任何建筑物都不一样。屋顶不像通常的屋顶，墙不像一般的墙，柱不像柱，梁不像梁，国家大剧院像个巨蛋，国家体育场如鸟巢，游泳中心墙薄如蝉翼，央视大楼东倒西歪。

20 世纪北京十大建筑的风格可用"庄重"二字来概括, 眼下出现的新标志性建筑的共同特点是"新奇"——新颖和奇特, 其中, 央视新楼不仅新、奇, 而且怪, 谓为中国五十年目睹之"怪"建筑之首, 亦不为过。

与五十年前的十大建筑相比, 新建筑仿佛来了个"变脸", 呈现出十足另类的面貌。

这些新建筑主要用于演艺、传媒和体育活动, 功能和身份与五十年前的北京十大建筑不同, 不过, 使用功能并非出现这种建筑风格的原因。世界上形象庄重典雅的剧院和体育场馆多得很, 我们这批新建筑为什么具有现在那种模样呢?

这些建筑形体不是实用功能决定的, 也不是结构科学要求的, 更不是经济因素造成的。有些专家对此极为不满, 生气、批判、抗议, 但还是建起来了。

名为《 CBD TIMES 》的中文杂志于 2005 年刊登文章, 大字标题是《外国建筑设计师强势入境—狼来了, 羊该怎么办?》下方是群狼奔突的彩照, 十分抢眼。文章作者将外国建筑师比作狼, 其势汹汹, 把中国建筑师比成羊, 流露出不正常的弱国文化心态。

建造在城市公共空间中的公共建筑物, 带有公共艺术品的性质, 人们对其提出意见和批评是正常、正当而且有益的事, 萝卜白菜, 各有所爱, 人人可以对那些建筑物提出不同的看法, 赞赏或厌恶各随其便。

2007年，新加坡《联合早报》的一篇文章写道："中国在大部分历史时期里，不变是常态……而当代中国的最大特点莫过于一个'变'字……从1992年邓小平南行之后算起。在如此短暂的历史瞬间里，十多亿人口的命运被改变，甚至现在已经开始带动整个世界在改变，这种现象在人类历史上亘古未有。"（杜平，中国最大的特点就是"变"，新加坡《联合早报》，2007年11月18日）

我国从计划经济向市场经济的转换，对建筑活动影响深刻而广泛，不必再说。在市场经济的基础上，"物"与"人"两方面的变化共同推动建筑发展。

物质条件的改善对建筑活动的影响直接又明显，其中最重大的，一是财富的增多，二是工业化水平的提升。

房屋建筑，不论实体还是空间，都是用物料和银子堆出来的，称之为"凝固的音乐"固然有诗意，但首先还是"凝固的财富"。房屋的质与量与财富成正比，钱多、房子才大，才好，才会漂亮，这看法有点俗，但系实情。几十年前，公私都窘迫，我们分到房子，多几平方米就是幸福，急忙搬将进去，别的都顾不上。现在富裕了，建筑的美观与艺术受到重视，这与买衣服是一个道理。

改革开放之前，很长时期中，中国的一切都是政治挂帅，文化即意识形态，即政治。文化是一元的，改革开放以后，主导文化、精英文化和大众文化三足鼎立，差别凸显。不过，现在学界所称的大众文化的"大众"，不是过去意义上的民众或群众，主要是正在崛起的中产阶层。

随着"文革"的结束，人们不再像过去那样追求理想主义的精神与价值。随之而来的是一个世俗化社会。这种大众文化与现代传媒结合，产生现今的流行文化与消费文化。

大众文化迅速膨胀，成了强势文化，精英文化的影响力式微。精英文化重视理性，本质上是启蒙的、智性的，新的大众文化诉诸人的感官和直觉，消解理性，消解意义，是一种不求深度的文化。现今，流行和时尚成了多数人审美观念和审美价值的准则。你看，人们的服饰过去也变，但是慢，如今则是年年变，季季变。汽车、家具、家电、手机等莫不如此，不同的样式款式如过江之鲫，目不暇接。

大众文化的兴盛意味着生活与艺术的边界日趋模糊，既有艺术生活化，也有生活艺术化。致使人们的日常生活有了更多的艺术色彩、文学意味和审美情趣，虽然缺乏深度，却含有文化普及和文化民主的因素，并有推动形式创新的作用。这种情形自然影响人们的建筑审美观念。

恩格斯晚年写道："历史是这样创造的：最终的结果总是从许多单个的意志的相互冲突中创造出来的，而其中每一个意志，又是由于许多特殊的生活条件，才成为它所成为的那样。这样就有无数互相交错的力量，有无数个力的平行四边形，而由此就产生出一个总的结果，即历史事变……"（1890，致约·布洛赫信，《马克思恩格斯选集》，第四卷，p478）

北京这批新建筑即是在互相交错的力量作用下产生的。

央视新楼

国家大剧院外景

国家大剧院内景

　　五十年后的今天，情形不同了，每座建筑都引起激烈争议。国家大剧院经过四轮设计竞赛，好不容易在 1999 年定下现行的方案，但开工不久，49 位院士和 108 位建筑师上书反对，以至停工，历经磨难，才于 2007 年底落成。

　　对央视新楼的看法更是非常对立。现行方案中标的消息传出后，有人说它 "违背科学规律"，是 "建筑的'艺术'骗局"，还有人称它是个"凶神恶煞的建筑物"。一位教授著文批判，题目是：《 "应当绞死建筑师？" —央视新楼中标方案质疑 》。待到新楼动工，这位教授很痛苦，说："听到这个消息，我非常难受，有一种幻灭感！对这个国家失去了信仰。"

　　可是，有位艺术评论家却大声叫好，他说："央视新楼造型十分完美。"当听到该项目可能搁浅的传闻，他悲哀了："我从来没有那么悲哀过。"新楼开工，他转悲为喜，说："看看（北京）CBD地区模型，人们的目光马上会被央视大楼的造型所吸引。在视觉上它有强烈的聚心力，这种前所未有的扭曲造型可以产生丰富的空间变换感觉，产生各种想象……我喜欢它，因为它在许多方面具有挑战性。"

　　1630 年，法国哲学家笛卡尔以花坛布置为例写道："同一件事物可以使这批人高兴得要跳舞，却使另一批人伤心得想流泪。"（1630年 2 月 25 日答麦尔生神父信）如今，北京那几座大型建筑物引出了类似的情景：一批人高兴，另一批人遗憾，为之不悦。对一座建筑意见之分歧，评价之悬殊，争论之激烈，情绪之激昂，叹为观止。

吴良镛先生著文主张《提高全社会的建筑理论修养》（建筑学报，2005 年 6 期）。我猜想这项工作会相当难做。

譬如，拿央视新厦来说，我们就难于确定，在那位反对央视新楼的教授和喜欢新楼的那位艺术评论家两人之中，哪一位最需要提高建筑理论修养？别人要提高他们的建筑理论修养，他们认账吗？俩人之中谁会接受提高？再说，从古到今，建筑主张、学说和建筑方向及建筑样貌那么多，他俩对建筑的高与低、保守与进步的看法不但互不一致，而且恐怕与其他许多他人也不一致，甚至对立。因此，要"提高全社会的建筑理论修养"，难度更高。

每当社会文化发生变迁时，彼此对立的观点一定会出现，人们争论不休。不过，建筑竞标与竞选总统不同，不是只有一个位置可争。建筑类型多，等级多，数量海大，真是广阔天地，俗语说"此处不留爷，自有留爷处"。各种样式，各种品位的建筑方案都有人爱，都有人要，各种主义，各种样貌的设计皆有实现的机会。在市场经济条件下，建筑领域可能真正实现双百方针。

还可以问一问，两千多年来，无论中外，建筑理论领域真有过繁荣昌盛令人满意的时期吗？出现过完整周全放之四海而皆正确适用的建筑理论学说和学派吗？两千年前维特鲁威提出"实用、坚固、美观"失之宽泛，适用于所有的人造器物，并未标示房屋建筑的特殊点。说到建筑的"基本原理"，不同历史时代，不同人等的不同房屋，其实大不一样。如果真有古今一致，适用于所有房屋建筑的普世性、普适性的"建筑基本原理"的话，今人就不至于那么纠结苦闷啦。

有人说中国建筑界是"有行业无学科"，历史上确实如此，20 世纪以前，中国建筑业的确只有行帮，许多地方至今仍然存在。不仅中国，西方先进国家之有建筑学科也不算早。法国国王的建筑学院培养的人才只能为王家服务，不准为私人干活，其实也形成一种行帮，不过水准很高而已。至于美国，据前面提到的建筑师加利尔回忆录的说法，1864年纽约只有"一名真正的建筑师"，其余也是行帮行业，也无学科一说。

1865 年，美国麻省理工学院才第一个设立建筑学科，距今还不到200 年。

如今，你去问任一位建筑人，没有一个人轻视建筑理论，都说重要重要很重要，但实际上，真正重视建筑理论，常常读书的建筑师其实不多。做建筑设计的人一般也看建筑杂志，不过，常常是看图不看文。带研究生的教授有人连学生的论文都未认真过目。

毛泽东曾责怪大学文学系没有培养出作家，王蒙认为批评不当。王蒙说："毛泽东……批评大学教育时，说文学系的毕业生不会写小说。这也不合道理，写小说不是文学系的任务，作家的培养是另外的路子，文学系是研究文学、文学理论和文学史，培养文学教师和语文工作者，不是培养作家，不能用这个责备。"（王蒙，《王蒙说》，北京：中央编译出版社，1998，p411）

与此相似但又相反的是：大学建筑系培养学生多数是准备做建筑设计的，他们以后如从事建筑理论工作，还需恶补文史方面的知识。建筑理论和建筑实践紧密联系，同时又有很大差异，很大的差距，因为工作性质大不一样，这是我个人的一点体会。

2006 年，吴良镛先生有另一篇文章：《建筑理论与中国建筑的学术发展道路》，该文第一小节的题目是"'畸形建筑'的出现与'回归基本原理'"。笔者认为这个小题目表明了吴先生写这篇文章的目的与要旨：反对"畸形建筑"，主张建筑设计"回归基本原理"。吴先生的文章是为一本外国建筑理论著作中文译本写的序文，虽是写序，但吴先生写得十分认真，内容丰富深邃。

"畸形建筑"确实存在，有人称之为"奇观性建筑""雷人建筑""尖叫的建筑"等。一般百姓常常给这种畸形建筑起些外号，如"马桶盖""秋裤楼""大裤衩""酒瓶楼"等。这类低俗的恶搞式的绰号是对建筑物的"污名化"，表达人们的讽刺和揶揄。

不能说历史上没有畸形建筑，但绝不如现今这样多见。神权和王权时代管得宽管得严，重要建筑物的大小模样都有严格规定，不容你胡来，胡来就犯法。到了近现代，盖房子之事自由多了。大量建筑是私人的财产或民营企业的固定资产，教会管不着，官方管束有限，在许多地方，房产投资人和建筑师与地方首长如果能站到一起，"奇奇怪怪"的建筑便能够实现了。

我们不要小看新奇怪的建筑形象的用处。建筑的物质功能、坚固性、便利性等，只要钱多都好办，都能满意解决，而建筑形象却有非常独特的效用。进入建筑物使用建筑物的人是有限的，但是看见它的人无数，由于它们的强视觉特性，这就使它的形体有了重大的特殊的符号价值：它们成了城市的地标，房产主的巨型广告牌，建筑师的大名片，也许还成为某位官员的一个政绩。

　　媒体曾报道一则奇怪的建筑消息，说2013年7月20日长沙"天空之城"开工，远大集团总裁张某乘直升机主持了奠基典礼。该项目对外发布一幅效果图，"天空之城"高耸入云……文字称那是一座200层的节能节材抗震的建筑，是一座10万人的没有汽车的城市。远大集团官方网页上展示天空之城的宣传片，在3分58秒的视频里，用数字技术生成全方位动态视觉效果，栩栩如生地展现屋顶花园、电梯运行、停满汽车的楼下空地……仅看视频的人会以为是建筑的真实写照。新华社记者查访获悉，该项目根本没有办理报建手续，是一个虚构的"媒体建筑"，然而已给有关方带来了实实在在的广告效益。（郑以然，《奇观地标建筑的污名化与恶搞式消费》，《中国图书评论》，北京，2015.8，p15）

　　历史上控管建筑的权力来自教廷，王权时代最高的权力在朝廷。现代社会的建筑活动也有人管，但管理大大放宽，而其后还有更厉害的一种力，便是看不见的资本的力量。资本威力强大，见缝即钻，无处不在。

　　历史上存在的同质文化已经分化，形成现今的多元文化和多元社会，在这种大的时代背景下，建筑文化必然分化，建筑师人自为战，时代潮起潮落，不可避免地形成分裂的多元局面。吴良镛先生的主张尽管正确，尽管有很多人赞成，怕也难以令畸形建筑遁迹。

　　单就谁是畸形谁非畸形，看法不一，难有一致的看法。对"基本原理"的认定也会如此。

为什么这样呢，因为，建筑师造型追求的目标、趋势、风尚不是恒定的，过一时期就会变化，社会上许多人对建筑形象的喜好厌恶也会出现变化，实际上，建筑造型也有"时尚"的性质和现象，而且款式变化的频率越来越快。如《共产党宣言》所言，在现代社会中，"一切固定的古老的关系及与之相适应的素被尊崇的观念和见解都被消除了，一切新形成的关系等不到固定下来就陈旧了。一切固定的东西都烟消云散了，一切神圣的东西都被亵渎了。"（《马克思恩格斯选集》，第一卷）这就是今天的现实。

另一个问题是关于建筑师的培养与学位教育的关系，这也牵涉到理论与实践的关系。

将要走上建筑设计岗位的学生是多上学好还是早实践好？

一位资深建筑师指出，现在许多学建筑的学生"不断地读学位，读完本科读硕士，读完硕士读博士，以为书越多本事就越大。其实并不是那么回事，这要看你将来想做什么工作和社会上需要什么样的人才。""对于建筑设计这样的行当，本科生足矣。""高中毕业后再经过五到六年的学校的建筑教育，如果再不走上实践环节，依我看已经晚了。"（季元振，《建筑是什么》，北京：清华大学出版社，2011，p241）

日本建筑师安藤忠雄等十四名建筑师合写过一本书，书名为《建筑学的教科书》（《建筑学的教科书》，包慕萍译，北京：中国建筑工业出版社，2009）。东京大学教授铃木博之在为这本书写的序中说："这本书名为《建筑学的教科书》……相反，这是一本想让读者了解到'建筑学是没有唯一正确答案'的教科书。"又说："学习建筑和年龄、经验没有关系，谁都能学，并且谁都能做到……因为建筑可以从各种各样的角度来考虑，所以学习建筑也可以从不同角度来开始。我感到正因为没有唯一的答案，所以建筑才有意思，也正因为如此，建筑才有无限的可能性。正因为人人都可以思考建筑，人人都可以从中找到自己的答案或者感受建筑的可能性，所以建筑物才会不断地被人们营造、被人们赞美，继而建筑变成了历史和文化。"

我以为铃木博之教授的这些话道出了建筑的真谛，至少是部分的真谛。

学建筑和年龄经历没有关系，这有许多实例。20 世纪世界著名建筑大师密斯（Mies van der Rohe，1886—1970）出生在石匠家庭，14 岁开始打石头，后来上职业学校。19 岁到柏林为造木构房屋的建筑师工作，后又到家具设计师处学艺。第二次世界大战后，密斯设计纽约花园大道上的西格拉姆大厦，幕墙上用了许多铜质材料，造型简单，而又显出古色古香的高贵气质。有趣的是市政管理部门要他出示建筑学毕业证书，他拿不出来，好在他当时已是芝加哥大学建筑系主任，遂得过关。

另一位 20 世纪现代建筑大师勒·柯布西耶（Le Corbusier，1887—1965）少年时进入镇上一所工艺美术学校，再没有进过学校学建筑，但不到 20 岁就设计并建成镇上一所别墅。

当代著名日本建筑师安藤忠雄在自述中写道："我出生成长在大的手工业区，虽然从事建筑方面的工作，但实际上几乎没有接受过任何关于建筑的专业教育。究其原因，是由于家里的经济条件有限，再加上我学习成绩不佳，因此不得不放弃上大学的念头。毕业后我起初干的是室内装饰工作……后来想去试试设计建筑。我决定通过函授教育来学习。""24 岁的时候、为了去学习国外的建筑，我开始旅行……一个劲儿行走，思考建筑。""我看完一个建筑，再花两个小时走到下一个建筑那里去。边走边回想刚看到的建筑，接着又思考将要看的建筑，脑中不停地描绘着一幅幅建筑的画面。"（摘自《边走边思考—安藤忠雄的建筑人生》，《书摘》，2012 年第 9 期，p39）

总之，通向建筑岗位的路径宽广又多样。

清代学者纪昀（字晓岚，1724—1805）早就说了："天下之势，辗转相胜；天下之巧，层出不穷，千变万化，岂一端所可尽乎。"（纪晓岚《阅微草堂笔记—槐西杂志》）

日本教授铃木博之说："正因为没有唯一的答案，所以建筑才有意思，也正因为如此，建筑才有无限的可能性。"（《建筑学的教科书》）

那位清代学者与这位日本教授说的都在理，信哉斯言！

密斯及巴塞罗那世界博览会德国馆

在外国现代著名建筑师中，密斯·凡·德·罗（Mies van der Rohe，1886—1970）成为一个建筑师的道路是比较少见的，他没有受过正规学校的建筑教育，他的知识和技能主要是在建筑实践中得来的。

1929 年，密斯设计了著名的巴塞罗那世界博览会德国馆（Barcelona Pavilion）。这座展览馆所占地段长约50m，宽约25m，其中包括一个主厅、两间附属用房、两片水池和几道围墙。特殊的是这个展览建筑除了建筑本身和几处桌椅外，没有其他陈列品，实际上是一座供人参观的亭榭，它本身就是唯一的展览品。

整个德国馆立在一片不高的基座上面。主厅部分和八根十字形断面的钢柱，上面顶着一块薄薄的简单的屋顶板，长25m 左右，宽14m 左右。隔墙有玻璃的和大理石的两种。墙的位置灵活而且似乎很偶然，它们纵横交错，有的延伸出去成为院墙，由此形成了一些既分隔又连通的半封闭半开敞的空间。室内各部分之间，室内和室外之间相互穿插，没有明确的分界。这是现代建筑中常用的流通空间的一个典型。

这座建筑的另一个特点是建筑形体处理比较简单。屋顶是简单的平板，墙也是简单的光光的板片，没有任何线角，柱身上下没有变化。所有构件交接的地方都是直接相遇。人们看见柱子顶着屋面板，竖板与横板相接，大理石板与玻璃板直接相连等。不同构件和不同材料之间不做过渡性的处理，一切都是非常简单明确、干净利索。同过去建筑上的繁琐装饰形成鲜明对照，给人以清新明快的印象。

正因为形体简单，去掉附加装饰，所以突出了建筑材料本身固有的颜色、纹理和质感。密斯在德国馆的建筑用料上是非常讲究的。地面用灰色的大理石，墙面用绿色的大理石，主厅内部一片独立的隔墙还特地选用了华丽的玛瑙大理石。玻璃隔墙有灰色的和绿色的，内部的一片玻璃墙还带有刻花。一个水池的边缘衬砌黑色的玻璃。这些不同颜色的大理石、玻璃再加上镀铬的柱子，使这座建筑具有一种高贵、雅致和鲜亮的气氛。

1928 年，密斯曾提出了著名的"少即是多"（less is more）的建筑处理原则，这个原则在此得到了充分的体现：

巴塞罗那博览会德国馆以其灵活多变的空间布局、新颖的形体构图和简洁的细部处理获得了成功。它存在的时间很短暂，但是对现代建筑却产生了广泛的影响。

不过，我们应该看到，这座展览建筑本身没有任何实用的功能要求，造价又很宽裕，因此允许建筑师尽情地发挥其想象力。这是一个非常特殊的建筑物，可以说，它是一个没有多少实用要求的纯建筑艺术作品。

巴塞罗那博览会德国馆于博览会闭幕后不久就被拆除。20 世纪 80 年代，为纪念密斯 100 周年诞辰，这座德国馆又在原址按原样重新建造起来。当初那座建筑物只留下几十张黑白照片，人们只能从记述中想象它的颜色。现在好了，可以重睹它的实际风采。德国馆的重建表明人们多么看重这件具有划时代意义的建筑珍品。

安藤忠雄光之教堂

住吉的长屋

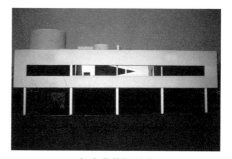

柯布萨伏伊别墅

密斯巴塞罗那博览会德国馆

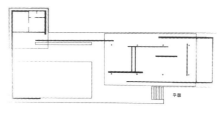

密斯巴塞罗那博览会德国馆平面图

现实中的建筑有的"形式跟从功能"，也有"功能跟从形式"，谁跟谁，"跟"与"不跟"到什么程度，都不是固定的、绝对的。就历史长时段宏观地看，建筑的形式既因功能改变而改变，也随材料和结构的改换而变化。但就一个短时段微观地考察，建筑形式与功能的关系呈现多样复杂的情形。变与不变，跟与不跟之间还有中间状态，即"亦此亦彼"的状态。究竟如何，与矛盾发展的程度及相关条件有关。

八问　建筑的形式与内容是什么关系？

1961.7

颐和园亭桥（吴焕加画）

讲哲学、文学、艺术、建筑等的书和文章中，"形式"和"内容"是常见的两个词，而且时常成对出现。形式和内容对于文学艺术来说，无论创作还是鉴赏，都极为重要，对于建筑也是如此。所以从古至今，许多思想家、哲学家、文艺评论家等对于这对概念有很多论述。

古希腊思想家亚里士多德（公元前 384—公元前 322）认为，具体事物都是形式和质料构成的，形式与质料是不可分的，但是形式是在先的，第一性的……（《中百科》，哲学卷二，p1031）

《中国大百科全书》哲学卷撰稿人指出，内容和形式间存在相互作用和相互制约的辩证关系。一般说，内容变了形式也相应变化，但形式有它的相对独立性。形式也能反作用于内容，制约着内容的发展变化。

内容和形式相互关系不是简单的、呆板的，而是复杂的、生动的。形式和内容界限也不是绝对的。不能把内容决定形式简单化。同一内容可有多种相适应的形式。人们应全面理解其对立统一关系，从实际出发采取灵活的形式。（《中百科》哲学卷一，p645）

关于中国书法，我国美学家周来祥认为"书法不过是一种自由的图案。在这里形式就是它的内容，内容就凝结在形式上产生形式美。"他认为形式美"是不依靠其内容而美的……形式之外是没有什么内容的。正因为形式美的内容就凝冻在感形材料及其组合的形式上，所以这种内容就比较朦胧、宽泛而概括，不像其他美的内容那样明朗确定和具体。"（张稼人，《书法美的表现—书法艺术形态学论纲》，上海：上海书画出版社，1994，p29）周来祥认为"书法的形式就是它的内容。"形式与内容合二为一，成为一体。

书法

至此，问题是有没有"看不出内容"或没有内容的"形式美"。

恩格斯在《反杜林论》中论及数和形（数字、直线、曲线、圆形、三角形等）的来源和它们的内容时写过一段文字，说明为什么有些事物只见形式却看不出内容。恩格斯写道：

"数和形的概念不是从其他任何地方，而是从现实世界中得的……为了计数，不仅要有可以计数的对象，而且还要有一种在考察对象时撇开对象的其他一切特性而仅仅顾及数目的能力，而这种能力是长期的以经验为依据的历史发展的结果。和数的概念一样，形的概念也完全是从外部世界得来的，而不是在头脑中由纯粹的思维产生出来的。必须先存在具有一定形状的物体，把这些形状加以比较，然后才能构成形的概念……但是，为了能够从纯粹的状态中研究这些形式和关系，必须使它们完全脱离自己的内容，把内容作为无关重要的东西放在一边；这样，我们就得到没有长宽高的点、没有厚度和宽度的线、a 和 b 与 x 和 y，即常数和变数……正如同在其他一切思维领域中一样，从现实世界抽象出来的规律，在一定的发展阶段上就和现实世界脱离，并且作为某种独立的东西，作为世界必须适应的外来的规律而与现实世界相对立……纯数学也正是这样，它在以后被应用于世界，虽然它是从这个世界得出来的，并且只表现世界的联系形式的一部分——正是仅仅因为这样，它才是可以应用的。"（恩格斯，《反杜林论》，《马克思恩格斯选集》第 3 卷，p77、p78）

我们知道了形式单独存在的缘由了。至于单独存在的形式（包括颜色）是美的还是不美，也要看受众的反应，"因人而彰"或不彰。

美国小镇一教堂，木板仿石教堂

美国某超市

美国小镇铸造仿石柱式

德国后现代建筑

德国某馆小院

约定俗成谓之宜——荀子

大约二千三百年前，中国的荀子（约公元前313—公元前238年）写道："名无固宜，约之以命，约定俗成谓之宜，异于约则谓不宜。"（荀子，《正名》）

荀子说"名无固宜"不包括全部，"皇帝""大臣"等名固有明确，但确实有很多东西和现象"名无固宜"，这就需要采用"约定俗成"的办法。事实上，在没有官方规定而平民百姓能自由发表看法的场合，"约定俗成"的观念规矩标准由此产生。"约定俗成"包含了群众路线和民主的精神。

有实用功能的器物用具的体形，因为在设计制造中，以实用、材性、结构、使用方便为主导因素，这就妨碍和限制了思想精神内容的表达，由于思想精神内容的表达是次要的甚至是可有可无的因素，器物用具便只能以形式及形式的组合面世，思想精神性内容不是没有便是朦胧模糊不明确。

人们对这类实用物的美丑评说主要看其形式，被很多人认为"美"的器物便被认为具有"形式美"。房屋建筑以实用便利为主，大多数建筑的"美"，基本属于"形式美"，黑格尔论建筑形象的言论中对此有重点阐发。

小汽车的造型极其引人注目。奔驰、宝马、兰博基尼等名车都形成了独具特色的"形式美"。我们的紫砂壶，有的造型令人爱不释手，高价搜求，主要也由于其独特高妙的"形式美"。粗略看来，热心于书法字画等高雅艺术的人数大概比不上热衷于服饰、衣料、小汽车、皮鞋、杯盏、沙发等物的人数,因而,熟悉"形式美"的人比懂得高雅艺术门道的人多得多,以"形式美"见长的事物有时被人称为大众艺术品。

"形式美"的规矩和原则,有的要经过很长时间才会形成和固化,有的却会很快形成又很快消失,如流行色、时髦服装、流行发式之类。

第一辆奔驰汽车

其实,除了少数特殊建筑外,大多数房屋建筑也只追求一些形式美而已。

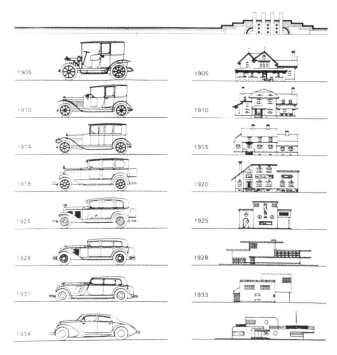

汽车与建筑形式的演变

外形式与内形式

美国建筑师菲利普·约翰逊曾说过："沙利文说形式跟从功能，肯定不对。如果人民心里的观点强劲到能够充分表达出来，形式跟从的就是人民的观点。"（A.D.8-9，1979，《P. JOHNSON XWRIGHTINS》）

论建筑形式，大都是指建筑的外部形式，即外形式；而建筑又有内部形式，即内形式。这并非由于人能从外面看建筑，又能进到建筑内部观看之故，也不是单指室内装修说的。内外两种形式不是建筑独有的现象，一切物体都有外部形式与内部形式。

哲学家告诉我们，内部形式是内容的内在组织结构，属于内容诸要素间的本质联系；外部形式是内容的外在的非本质的联系方式。外部形式和内部形式一般多有关联。外部形式同内容的联系不具有内部形式那样的内在性、直接性，它和内容不是直接统一的。而且，事物的外部形式具有不同的层次，其中，有些与事物的内容存在着一定联系，有些则同事物的内容并不直接相关。（《中国大百科全书——哲学》，1987，p644）

事物的内部形式和外部形式有着显著差异，建筑也是这样。这与我们讨论建筑形式问题有关。

拿宾馆建筑来说，外部形式可以这样又可以那样。有仿古的，上面是琉璃瓦大屋顶；有新潮的，大量采用金属和玻璃，轻巧灵动；有的显示欧陆风情，堂皇稳重，派头十足；有的仿效地方民居，富于乡土风韵。宾馆的外部形式各式各样，而内部组成与格局所显现的内部形式，则大同而小异，都是按宾客住宿的功能需要安排的。

体育建筑的外形也是多种多样，各具特色，而内部却大同小异。北京国家体育场（鸟巢）的外部形式非常独特，世界上从来没有过那种外形的体育建筑，其内部与世界上同级体育场馆内部布局差不太多。

澳大利亚悉尼歌剧院内部厅堂的形式与表演功能直接相关，与世界上其他歌剧院类似，而它的外部形式完全是另外一回事。建筑师伍重根本不理"形式跟从功能"那一套。人们形容悉尼歌剧院的外形像海上的风帆、海边的贝壳、盛开的花朵，等等，就是没人说它像一座歌剧院，因为它的外形式与歌剧院的功能实在没有直接联系，虽然如此，大家并不加以责难，反倒称赞悉尼歌剧院是一个成功的建筑作品。

美国游乐坊旅馆

悉尼歌剧院

纽约联合国总部（1946—1952 年）

纽约世界贸易中心（1966—1972 年）
（2001 年被毁）

纽约帝国州大厦

20 世纪前期，当现代主义建筑勃兴之时，倡导"由内而外"的创作方法，但细观现代主义建筑大师们的作品，它们的外形其实都很自由，也非真正"跟从功能"的结果。

最初提出建筑"形式跟从功能"（Form follows function）名言的是 19 世纪末美国芝加哥建筑师沙利文。但是当年沙利文与另一人合伙设计的芝加哥会堂大厦（1886—1890 年）也并未遵循"形式跟从功能"的原则，那座大楼里包括大会堂、办公楼和宾馆等多种不同功能，它的外形式该跟从哪种功能？！

真正与使用功能直接关联的是建筑内形式，外形式是可跟可不跟，有跟有不跟，大多数房屋建筑的外形，事实上感受并非完全与内部功能相关，有的全无关系。

其实，建筑外形式与所用材料及结构的关系更直接、更紧密。

建筑外形式让观者从外部认知一座建筑。建筑师运用建筑材料塑造的外形式，让人较快地体察到那座建筑物可能令人产生的种种心理效应，包括体量感、质感、重量感、力感、空间感、动感、稳定感、节奏感、和谐感和惊异感，等等。如果观者有一定建筑文化素养，他还可以从中获知许多社会人文的、科学技术的和历史地理等方面的知识与信息。待观者进到建筑内部后，他会对外形式与内形式加以综合研究，从而由表及里获得比较深入完全的知识与信息。

建筑外形式与内形式在性质和作用上的差别非常重要。设想，如果所有房屋建筑物真正完全地做到"形式跟从功能"，世界上的建筑形象可就单调和乏味多了，人们旅游参观的兴趣会减少，旅游业会受到损害。

建筑形式的问题事实上是极复杂的，各家各派的认识和解释多样多元。进入现代，许多学派干脆认为内容与形式不再构成真正有意义的问题。形式与内容的简单二分与线性决定论制约了对形式的充分揭示，只有走出内容与形式的樊篱，才能显现形式的意蕴。

历史上的建筑大多有很多的装饰物，成为建筑形式的重要组成元素，值得加以注意。

建筑装饰

历史上的著名建筑，无论中外，大都有许多装饰，有石雕、木雕、色彩、绘画以及文字。它们并非房屋本身必有的、固有的，而是附加的，为什么这样做呢？

前引黑格尔论建筑的话，其中有些回答了这个问题。黑格尔说："建筑是一门最不完善的艺术，因为我们发现它只掌握住有重量的物质，作为它的感性因素，而且要按照重力规律去处理它，所以不能把精神性的东西表现于适合它的可以目睹的形象……"（黑格尔，《美学》第三卷上册，朱光潜译，北京：商务印书馆，1986，p328）

中外古人早就知道这个情况。而在神权和王权时代，建筑的主人又极想在自己的建筑上宣示自己的精神目的和需要，便在建筑的多个部位，见缝插针地加上和添置各种各样的众人一看就懂的装饰物。如石刻的狮虎等猛兽雕像以显示威势，大量采用富丽堂皇的金色、红色，表现大富大贵。用十字架及特殊形状的屋顶明示其宗教属性。中国的经典建筑以斗拱的繁简、多少和屋脊上仙人走兽雕塑的数目表示该建筑的等级等。久而久之，这些各式建筑装饰物渐渐具有了符号的性质和标志作用，成了当时的建筑符号或时尚标志。

纽约街头雕塑

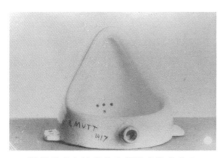

现代艺术家杜尚将小便器当作艺术品
（1917 年）

纽约美术馆雕塑展

到了近现代，历史沿用的建筑符号和标志渐渐消失。一则建筑材料和结构变了，更主要原因是在现代资本主义社会，生产活动之外，最重要的是商业竞争。二则在人烟稠密，建筑拥塞的都市里，零星的建筑饰物不如新奇的建筑大体块更能吸引众人的眼球。因此附加的建筑装饰渐渐减少以至消失。

1908 年，一名奥地利建筑师卢斯（Adolf Loos，1970–1933）还撰文将"装饰与罪恶"并列，宣称"文化的进步与从实用品上取消装饰是同义语"。卢斯的论述浅薄，但影响不小，反映当时一部分建筑师的看法。（吴焕加，《外国现代建筑二十讲》，北京：三联书店，p103）

卢斯的观点偏激片面。过去建筑上及附属的装饰物固然不是建筑，但有助彰显建筑的性质、用途，丰富建筑的形象，增添内外空间层次，启发观者更多的联想，添加情趣。这些都是前辈积累的建筑经验，后人应视为一种资源。

赖特和流水别墅

赖特（Frank Lloyd Wright, 1869—1959）是 20 世纪美国的一位最重要的建筑师，在世界上享有盛誉。他设计的许多建筑受到普遍的赞扬，是现代建筑中的瑰宝。赖特对现代建筑有很大的影响，但是他的建筑思想和欧洲新建筑运动的代表人物有明显的差别，他走的是一条独特的道路。

赖特于 1869 年出生在美国威斯康星州，他在大学中原来学习土木工程，后来转而从事建筑。他从 19 世纪 80 年代后期就开始在芝加哥从事建筑活动，曾经在当时芝加哥学派建筑师沙利文等人的建筑事务所中工作过。赖特开始工作的时候，正是美国工业蓬勃发展、城市人口急速增加的时期。19 世纪末的芝加哥是现代摩天楼诞生的地点，但是赖特对现代大城市持批判态度，他很少设计大城市里的摩天楼。赖特对于建筑工业化不感兴趣，他一生中设计最多的建筑类型是别墅和小住宅。

在 20 世纪 20 年代和 30 年代，赖特的建筑风格经常出现变化。他一度喜欢用许多图案来装饰建筑物，随后又用得很有节制；房屋的形体时而极其复杂，时而又很简单；木和砖石是他惯用的材料，但进入 20 世纪 20 年代，他也将混凝土用于住宅建筑的外表，并曾多次用混凝土砌块建造小住宅。越到后来，赖特在建筑处理上也越加灵活多样、更少拘束，他不断创造出令人意想不到的建筑空间和形体。1936 年，他设计的"流水别墅"（Kaufmann House on Waterfall）就是一座别出心裁、构思巧妙的建筑艺术品。

流水别墅局部

流水别墅鸟瞰

流水别墅全景

中国宋画"流水别墅"

流水别墅在宾夕法尼亚州匹茨堡市的郊区，是匹茨堡市百货公司老板考夫曼的产业。考夫曼买下一片很大的风景优美的地产，聘请赖特设计别墅。赖特选中一处地形起伏、林木繁盛的风景点，在那里，一条溪水从熔岩上跌落下来，形成一个小小的瀑布。赖特就把别墅建造在这个小瀑布的上方。别墅高的地方有 3 层，采用钢筋混凝土结构。它的每一层楼板连同边上的栏墙好像一个托盘，支撑在墙和柱墩上。各层的大小和形状各不相同，利用钢筋混凝土结构的悬挑能力，向各个方向远远地悬伸出来。有的地方用石墙和玻璃围起来，就形成不同形状的室内空间，有的角落比较封闭，有的比较开敞。

在建筑的外形上最突出的是一道道横墙和几条竖向的石墙，组成横竖交错的构图。栏墙色白而光洁，石墙色暗而粗犷，在水平和垂直的对比上又添上颜色和质感的对比，再加上光影的变化，使这座建筑的形体更富有变化而生动活泼。

流水别墅实景

流水别墅最成功的地方是与周围自然风景紧密结合。它轻捷地凌立在流水上面，那些挑出的平台像是争先恐后地伸进周围的空间。拿流水别墅同勒·柯布西耶的萨伏伊别墅加以比较，很容易看出它们同自然环境的迥然不同的关系。萨伏伊别墅边界整齐，自成一体，同自然环境的关系不甚密切。流水别墅是另一种情况，它的形体疏松开放，与地形、林木、山石、流水关系密切，建筑物与大自然形成犬牙交错、互相渗透的格局。在这里，人工的建筑与自然的景色互相映衬，相得益彰，并且似乎汇成一体了。

流水别墅是有钱人消闲享福的房屋，功能不很复杂，造价也不成问题。业主慕赖特之声名，任他自由创作。像密斯设计巴塞罗那博览会的德国馆一样，流水别墅也是一个特殊的建筑。这些条件使赖特得以充分发挥他的建筑艺术才能，创造出一种前所未见的动人的建筑景象。

人们的"建筑审美"，其实是一种"建筑感兴"。人们在应县木塔、苏州园林、古罗马斗兽场、印度泰姬陵、纽约帝国大厦、悉尼歌剧院、北京国家大剧院面前，都会浮想联翩，免不了想到时代、社会、文化、技术、时尚，以至造价、产权等世事俗务，人们或赞赏、或惊讶、或感叹、或批判。

九问　如何看待建筑艺术与建筑美？

苏州园林（吴焕加画）

建筑艺术是个众说纷纭，说来话长的问题。

哲学家笔下的建筑艺术

常见一句话："建筑是凝固的音乐"。把建筑物看成"凝固的音乐"，显然是把建筑看成是一种艺术。据笔者所知，有四位哲人说过类似的话。①德国哲学家谢林（1775—1854）写道："一般说来，建筑艺术是'凝滞的音乐'。"②黑格尔写道：弗列德里希许莱格尔曾经把建筑比作冻结的音乐。（《美学》，第三卷上册，朱光潜译，p64）③歌德在斯特拉斯堡主教堂前说过："建筑是凝固的音乐。"（陈志华，《外国古建筑二十讲》，北京：三联书店，2002，p104）④雨果称赞巴黎圣母院"简直是石头制造的波澜壮阔的交响乐"。（陈志华，《外国古建筑二十讲》，北京：三联书店，2002，p104）

20 世纪德国哲学家加达默尔也讨论过建筑。他写道："建筑物……适应于自然的和建筑上的条件……（又）通过它的建成给市容或自然景致增添了新的光彩。建筑物正是通过它的这种双重顺应表现了一种真正的存在扩充，这就是说，它是一件艺术作品。"在同一页上，加达默尔还认为："这些艺术形式中的最伟大和最出色的就是建筑艺术。"（《真理与方法》，中译本，上海：上海译文出版社，1992，p204）

也有相反的意见。

德国作家莱辛（1720—1781）认为"造型艺术"是指绘画与雕塑，并不包括建筑。俄国作家车尔尼雪夫斯基（1828—1889）抱同样看法，他写道："单是产生优雅、精致、美好的意义上的美的东西，这样的意图还不能构成艺术……艺术是需要更多的东西的；我们无论怎样不能认为建筑物是艺术品。"（《生活与美学》，周扬译）

18世纪德国大哲学家康德（1724—1804）在《判断力批判》中阐释他的美学理论。他将审美快感与生理快感和道德快感加以区分，把愉快的、善的和美的三种情感严格分开。康德认为："……在这三种快感之中，审美的快感是唯一的独特的一种不计较利害的自由的快感，因为它不是由一种利益（感性的或理性的）迫使我们赞赏的。"康德说："每个人必须承认，一个关于美的判断，只要夹杂着极少的利害感在里面，就会有偏爱而不是纯粹的欣赏判断了。人必须完全不对这事物的存在存有偏爱，而是在这方面纯然淡漠，以便于在欣赏中能够做个评判者。"（康德，《判断力批判》上卷，北京：商务印书馆，1964，p40~p41）

康德强调审美的无利害关系性，发展了非功利性美学，影响很大。

"艺术"和"文化"这类概念，内涵宽泛，没有公认的定义。而房屋建筑本身又是一个十分复杂的、多面、多元、多态的对象，建筑是不是艺术，看你抱着什么样的艺术观，又从哪个视角去考察。

黑格尔论建筑

另一位德国哲学家黑格尔（1770—1831）在著作中对建筑和建筑艺术有很多论述。黑格尔把建筑排在五种艺术之首，其后为雕刻、绘画、音乐和诗，但是，他认为"建筑是最不完善的艺术"。

"建筑是一门最不完善的艺术，因为我们发现它只掌握住有重量的物质，作为它的感性因素，而且要按照重力规律去处理它，所以不能把精神性的东西表现于适合它的可以目睹的形象，只能局限于从精神出发，替有生命的实际存在准备一种艺术性的外在的围绕物。"（黑格尔，《美学》第三卷上册，朱光潜译，北京：商务印书馆，1986，p328）

黑格尔给建筑一个正面的定义："生命存在"的"艺术性的外在的围绕物"。

黑格尔说建筑表现内容很差。（《美学》，三卷下册，p12，p13，p15，p16）

"大体说来，在内容的表现方式上最贫乏的是建筑，雕刻已较丰富，而绘画和音乐的范围则可能推广到很大。"（《美学》，三卷下册，p13）

不知您对黑格尔说建筑是"不完善的艺术"的看法持何种态度，笔者认为黑格尔的意见是恰当的。

"把一种意义和形式纳入本来没有内在精神的东西里。这种意义和形式对这种东西是外在的，因为它们并不是客观事物本身所固有的形式和意义。接受这个任务的艺术，我们已经说过，就是建筑……"（《美学》，第三卷上册，p29）

"建筑的处理……还不能使客观事物成为精神的绝对完美的表现，即恰恰足以表现精神不多也不少。……建筑艺术由于受重力规律的约束，还只能使无机的东西勉强接近于精神的表现"。（《美学》，第三卷上册，p109）

活跃于 20 世纪的西班牙哲学家桑塔耶纳（George Santayana，1863-1952）强烈批评无利害关系美学。19 世纪末期，他在哈佛大学讲授美学时，指出人体的一切机能，都对美感有贡献，反对经典美学认为只有高级器官（眼、耳）才有审美作用，排斥低级器官（嗅、味、触）的作用。桑塔耶纳写道："美的艺术，虽然看来是美感最纯粹的所在，但绝不是人类表现其对美的感受的唯一领域。在人类的一切工业品中，我们都觉得眼睛对事物单纯外表的吸引特别敏感；在最庸俗的商品中也为它牺牲不少时间和功夫；人们选择自己的住所、衣服、朋友，也莫不根据它们对他美感的效应。"（乔治·桑塔耶纳，《美感》，缪灵珠译，北京：中国社会科学出版社，1982，p1）

不知您对上述几种不同的看法有什么意见，笔者个人以为黑老先生的看法比较符合实际。

美在哪里？

有人说，美这个词是人对自己超感性、超功利、精神性的愉快的命名。

一千二百年前，唐代思想家柳宗元（773—819）在为一幅画的题词，即《邕州柳中丞作 马退山茅亭记》中提出关于美的一种看法，他写道：

> "夫美不自美，因人而彰。兰亭也，不遭右军，则清湍修竹，芜没于空山矣。"

题词区区 27 个字，道出了一个深刻的美学命题。他认为绍兴兰亭那块地方，古往今来，无数人去过，甚而可能居住过，但如果王羲之和他的朋友没有在晋永和九年（353 年）那个天朗气清、惠风和畅的日子，去那里聚会修养，又不曾留下"兰亭集序"，兰亭优美的景色或许真有可能"芜没于空山矣"。至少不如今日这样有名。

柳宗元这段话不长，他指出了美不是天生自在的，美离不开人的审美体验，世上没有外在于人的 "美"。这是极有价值的美学观点。

有趣又奇怪的是，一千二百年后，远在欧洲的法国哲学家萨特写道：

> "由于人的存在，才'有'万物的存在，或者说人是万物借以显示自己的手段……这个风景，如果我们弃之不顾，它就失去见证者，停滞在永恒的默默无闻状态之中。"（萨特，为什么写作，转引自：叶朗《美在意象》）

　　柳宗元与萨特，一个在东方，一个在西欧，时间相差一千二百年，而关于美的观点如此相似，并且都以风景与人的关系作为论据，讲得清明透彻，令人赞叹。

　　人的美感不是纯主观的，也不是纯客观的，是主观与客观结合的产物。

　　我国学者在所著《审美学》中写道："审美活动是一种对象化活动，美并不能独立存在于客观的物中，也不是预先存在于主体的心中，而只能形成于联结主体与客体的审美经验中。通常人们只知道没有客体就没有美，殊不知仅有客体没有进行审美关照同样没有美。"（胡家祥，《审美学》，北京：北京大学出版社，2000，p66）

　　另一位学者写道："本体论意义上的美根本就不存在，美不是一物，不是某些性质，也不是多种性质的组合。美这个词是人对自己超感性、超功利、精神性的愉快的命名。美不存在，真正存在的是人的鉴赏活动，而鉴赏活动来源于人类高级的本质力量。……有高级能力的人就有了超越物质之上的精神享受——于是就有了鉴赏的冲动和需要——结果产生了鉴赏愉快。人通过下意识的精神活动使这种愉快对象化，并名之为美。"（曹俊峰，《论马克思"美的规律"的适用范围》，人大复印报刊资料《美学》，2009-1）

　　美感的形成既与审美对象的状况有关，又与主体的审美活动有关，少了一方当然不行，若一方水平不够格，也就无美感可言。

打个比方,美感与痛感似有相同之处:痛感源于刀子伤及人的皮肉,没有刀子产生不了痛感,而人的皮肉麻木也不觉痛。刀子尖利,皮肉敏感,两者相触,人才产生痛感。

以上这些有关艺术与美的各家见解对于我们研讨建筑艺术与建筑审美问题应是有帮助的。

建筑美在哪里

建筑圈里的人和著作常用"建筑美"这个词,为时已久。从这个词语看,大家似乎认为"建筑美"是一种客观存在,与是否有受众无关。从这个词语的用法看,与前面提到的包括柳宗元与萨特的美学理论相悖。

"建筑美"能够客观存在的理念有很长的历史,认同建筑美能客观存在的人在建筑圈中大有人在,并且,在建筑名作中屡屡得到证实,而且在实践中时常行之有效。

在建筑设计工作中,人们并不直呼"建筑美"而加入两个字,称"建筑形式美",并拟定出种种"形式美法则"。

这是有道理的。

为什么那么多人会认为"建筑美"与受者无关,是独立存在的客观的东西呢?

关键在于受众是什么人。

如果与你相遇的受众是艺术家、艺术品收藏家、艺术展览会的参观者、学习美术的学生或对艺术多少有些爱好的普通人，你们会有共同语言，都认为看到了美和艺术。

但是，如果你接触的是从来与艺术不沾边的人，你同他讨论面前的艺术品，十之八九，他摸不着头脑，只会哼呀哈呀，顾左右而言他，你们很难谈下去。我没有做过系统的调查，但常与从农村来的干家务的女子就墙上的字画，柜中摆的瓷器，询问她的看法，她的回答总是很简单："没用，占地方！"

俗话说：人上百人，多有不同。穿衣戴帽，各有所好；萝卜白菜，各有所爱。艺术作品遇到的受众千千万万，反响不可能相同。

所以，艺术与美因人而彰，也因人而不彰。

关于形式美

形式美是艺术理论中的一个重要问题，也是建筑艺术的一个核心问题。然而，如学者黄药眠曾说，"关于形式的美是很难解释的。"（1957 年）

人们早已知道非再现性艺术的形式能够引起人的情感反应，而且早就运用于各种艺术门类及建筑造型中，然而是知其然不知其所以然，对其原理迄今还没有得到完满的令人信服的解释。

什么是形式美？

一本《美学基本原理》写道："广义地说，形式美就是美的事物的外在形式所具有的相对独立的审美特性，因而形式美表现为具体的美的形式……狭义地说，形式美是指构成事物外形的物质材料的自然属性（色、形、声）以及它们的组合规律（如整齐、比例、对称、均衡、反复、节奏、多样的统一等）所呈现出来的审美特性……狭义的形式美，是指某些既不直接显示具体内容，而又有一定审美特征的那种形式的美。通常所说的形式美，主要是指后者，即相对抽象的形式美。"（刘叔成等编著，上海：上海人民出版社，1987，p81）

另一本美学教材写道："人们对美的感受都是直接由形式引起的，但是在长期的审美活动中人们反复地直接接触这些美的形式，从而使这些形式具有相对独立的审美意义，即人们只要接触这些形式便能引起美感，而无须考虑这些形式所表现的内容，……仿佛美就在形式本身。"（司有仑主编，《新编美学教程》，北京：中国人民大学出版社，1993，p187）

两本美学专著都认为艺术中各种抽象的形式因素，包括色彩、线、图形、形体、声音等及其组合具有独立的审美意义，人只要接触这些抽象的形式，无须考虑它们的内容，便能引起人的美感，产生审美意义和价值。

何以如此？笔者认为这也和抽象形式本身的形、态、势有关联。抽象形式自身的形、态、势，可能在具有审美能力的主体那里具有某种审美价值，使审美主体感到某种意味和情趣。这一点在中国书法艺术中已得到证明。汉字是非具象的形式，而中国书法却是异常高妙并广泛受人喜爱的一种艺术。有一定素养的书法爱好者能从那抽象的书法作品的形、态、势中感受到审美愉悦。唐代孙过庭《书谱》形容草书有"鸾舞蛇惊之态，绝岸颓峰之势，临危据槁之形"，表明抽象的草书的形能约略地体现或代表这些自然界的形和势，予人以联想和审美感受。

建筑也是这样。建筑中的线条，其粗细、长短、曲直也能引出主体的某种情感。水平线传达平静与安稳的情感，垂直线给人挺直感，显示庄严与高贵，弯曲的线条则带有运动感和柔软性质，而有规律的反复和节奏也给人以运动感，使静止的东西显得活泼有生气。中国传统建筑大屋顶上的弯曲脊线和向上弯起的檐角，柔和曲线使人感觉原本沉重僵硬的屋顶变得柔和轻盈，呈现向上飞升的姿势。

阿恩海姆从"力的结构""力的式样""异质同构"及"张力"等来解释艺术形式的表现性，忽视了知觉形成中的社会文化原因，难以解释形式和内容都十分复杂的语言艺术及戏剧、电影等综合艺术。阿恩海姆的理论有局限性。不过，他的结论主要是通过对视觉艺术的研究得出的，用于解释比较简单和抽象的造型艺术有参考和启发作用。

有位书法研究者也认为力是形式美感的基础，他写道："中国书法的笔墨形式为什么具有美感？这是因为，书法的点画、结构、墨韵及其整体排列形式，无不呈现一种矫健活泼、生意盎然的生命活跃之力。可以说'力''力量''力感'，构成书法创作、欣赏一切审美活动的基础"。（郑晓华，《中国书法艺术的历史与审美》，北京：人民大学出版社，此处引自该书台北版，更名《书法艺术欣赏》，2002 年，p67）

建筑艺术是非再现的抽象艺术，建筑物本身包含并直接显示出各种力的作用，可以说阿恩海姆的理论对于探讨建筑艺术相当对口，值得重视，但是这一理论尚不充分、完备，仍是众多学说中的一种。

事实上，"纯艺术"即写实、再现的"美的艺术"（pure art，fine art），在人造物的总量中只占一小部分。非写实的抽象形式却大量见于器皿、餐具、服装、鞋帽、家具、马车、汽车、冰箱、钟表……等实用工艺品领域。这些实用工艺品的造型必须服务于主要的使用功能，除少数外，不宜也不必模仿和再现别的事物的形状。汽车就是汽车，茶壶就是茶壶。车和壶的形体由线、图形、形体、色彩、质素等组成，虽然看不出明确的意义和内容，却能引发许多人的审美感受，有特殊的审美价值。

人们在挑选实用性的人造器物，如汽车、服装、鞋帽、冰箱、手机、沙发、餐具、箱包的时候，当然注重器物的使用功能、耐久性、性价比等，那些器物没有模仿也不需要再现种事物的形状。但人们却很注重这些器物的造型，看它们是否合乎自己心意。

　　非写实的、非再现其他事物的即抽象的形态，有杂乱或整齐、严肃或轻盈、难看或好看、招人喜欢或不喜欢等差异，给人不同的印象和效果。这反而让创作者的创作有更大更自由的空间。因而中国画家有更广阔的想象空间和创作空间，更多的表现自由。明末清初画家朱耷——八大山人的作品是一个明显的例证。他画的鱼眼有方形的，比写实的更有神。有的画大幅空白，中间只画一只小鸟，极为突出。

朱耷·画

　　人们在观看、接触、制作、使用大量抽象形式的器物的过程中，培养出对各种形式的感觉，即"形式感"。"艺术对象创造出懂得艺术和能够欣赏美的大众……生产不仅为主体生产对象，而且也为对象生产主体。"（《政治经济学批判导言》，《马克思恩格斯选集》，第二卷，p95）"不仅五官感觉，而且所谓精神感觉（意志、爱等），一句话，人的感觉、感觉的人性，都是由于它的对象的存在，由于人化的自然界，才产生出来。"（《马克思恩格斯全集》，第 42 卷，p126）由于音乐的存在，由于常听音乐，原来不辨音乐的耳朵可能变成能欣赏音乐的耳朵。

　　形式感渐渐细化，人能分辨出不同形式给人不同的生理和心理的感受，从各种形式中遴选出符合当时当地那些人需要的形式，逐渐产生好感，对某些形式的"好感"又升华为"美感"（包括从恶感中升华出丑感）。那些能引发美感的形式和形式组合在人的观念中积淀下来，被分类和规范化，被当作是各种"美的形式"的范式和模式，又从中提炼出规律性的法则。我们认为，这可能是现今所称的"形式美"和"形式美规律"及"形式美规律"出现的大致过程。（这也是一种假说）

八大山人·花鸟作品选

传统的建筑形式美

讲美学和建筑艺术的教材和专著，无不谈到形式美的法则或规律，都告诉学建筑的学生，处理建筑体形最重要的是统一、和谐、完整，建筑若非对称，则务必做到均衡，建筑物的大处和细部都要仔细推敲尺寸和比例，都要考虑人体尺度等。

这些认识和要求不是凭空出现的，基本上是出于神权时代和王权时代专制制度意识形态的要求，并体现于那两个时代建造的著名建筑物中，那些建筑千百年的存在和受赞扬，已为广大人群所见识、接受和习惯，大家认为那些建筑形式美法则是最高尚的、不可违背的，可以一直沿用的建筑规矩。

关于传统建筑形式美的规矩的内容，科学史学家塔伯特·哈姆林编著的《20世纪建筑的功能与形式》，共四卷，第二卷《构图原理》讲传统建筑形式美，他告诫建筑师：

辽宁北镇市闾山山门

历史纪念公园

"建筑师的职责是始终让他的创作保持尽量的简洁与宁静……人为地把外观搞得错综复杂，所产生的效果恰恰是平淡的混乱。"

"最常犯的通病就是缺乏统一。这有两个主要的原因：一是次要部位对于主要部位缺少适当的从属关系；二是建筑物的个别部分缺乏形状上的协调。"

"巴洛克设计师有时喜欢卖弄噱头……有意使人们惊讶和刺激……可是对我们来说，这些卖弄噱头的做法，压根儿就格格不入，而且其总效果压抑、不舒服。""不规则布局的作者追求出其不意的戏剧式的效果……然而他却常常忘掉的是，意外的惊讶会使人受到冲击、干扰和不愉快，并不会使人振奋而欣喜。"（p142）

"建筑师们总想完成比较复杂的构图，但差不多老是事倍功半……很明显，要是涉及超过五段的构图，人们的想象力是穷于应付的。"（p40）

"假如一件艺术作品，整体上杂乱无章，局部里支离破碎，互相冲突，那就根本算不上什么艺术作品。"（塔伯特·哈姆林编著的一部建筑理论巨著，美国哥伦比亚大学出版社出版，1952年，共四卷。第四卷中译本名《建筑形式美的原则》，邹德侬译，北京：中国建筑工业出版社，1982年）

哈姆林的著作出版之时，现代主义建筑思潮已经兴起，并且几乎传及全世界。此处选用他对正统建筑形式美的讲解，因为他讲得朴实简明易懂，有助于我们了解正统古典的形式美原则。

多元的形式概念——克莱夫·贝尔的艺术理论

事实上，从古到今，存在多种有差别的形式概念。进入现代，出现多种有别于德国古典思想家的形式观念。

1913 年，英国艺术评论家克莱夫·贝尔（Clive Bell，1881—1964）发表美学专著《艺术》。这本书篇幅不大，影响不小。贝尔在书中提出，艺术的本质属性是"有意味的形式"，此说一出，引起西方艺术界和美学界的广泛关注。1984 年我国有中译本（北京：中国文艺联合出版公司），2005 年又有一种新的译本（南京：江苏教育出版社）。

贝尔写道："线条、色彩以某种特殊方式组成某种形式或形式间的关系，激起我们的审美感情。这种线、色的关系和组合，这些审美的感人的形式，我称之为有意味的形式。'有意味的形式'就是一切视觉艺术的共同性质。"（1984 年中译本 p4）贝尔所说的"有意味的形式"中的"形式"是指艺术品内各个部分和质素构成的一种关系，"意味"是指一种特殊的、不可名状的审美感情，贝尔说激起这种审美感情的，只能是由作品的线条和色彩以某种特定方式排列组合成的关系或形式。

贝尔认为"艺术作品最重要的是形式，而形式只要有意味就行，作品中有无再现性成分不但不重要，而且，再现反而有害。在艺术品中会有这种认识的或再现的成分……它对于看画的人来说是有价值的，但对于艺术品来说分文不值。或者说，它对艺术品的价值就像是一位和聋子说话的人手里拿着助听器—说话人满可以不用助听器，听话的人不用它可不行。再现成分对看画的人有所帮助，但对画本身却没有什么好处，反而会有害处。"（同上，p153）

贝尔强烈反对艺术作品中的情节性和再现性因素，否定清晰的思想内容，他认为"再现往往是艺术家低能的标志"，"欣赏艺术作品，我们不要带有什么别的东西，只需带有形式感、色彩感和三度空间的知识，我认为，这一点知识是我们欣赏许多伟大作品的基础"。他说真正懂得艺术的人"他们往往对于一幅画的题材没有印象，他们从来不注重作品的再现因素……"贝尔推崇抽象艺术，因为抽象艺术不传达清晰、确定、具体的内容和意义。

贝尔书中"有意味的形式"的原文是"the significant form"。两个中译本都译为"有意味的形式"，中文"意味"含义宽泛、含糊，与抽象艺术的效果相近，符合贝尔的原意。

贝尔的看法是形式不再由内容决定，实际上否定了传统的形式与内容的简单二分关系，形式不与内容纠缠在一起，更能显现形式所蕴含的朦胧的宽泛的意味。

另一位美学家杜夫海纳认为"意义内在于形式"。（杜夫海纳，《美学与哲学》，北京：中国社会科学出版社，1985 年，p125）这个看法与我国周来祥相似。

这些不同的观点对于我们形成正确的恰当的建筑形式观有助益。

20 世纪初期的造反派—现代主义建筑

其实，19 世纪末 20 世纪初，欧洲出现新的现代主义建筑流派，已经对古典建筑的形式美理念进行了猛烈的攻击。现代主义建筑的代表人物提出了新的建筑艺术和建筑美学的原则与方法。例如：

曾主持"包豪斯"（BAUHAUS）的德国建筑师格罗皮乌斯（Walter Gropius，1883-1969）说："美的观念随着思想和技术的进步而改变。谁要是以为自己发现了'永恒的美'，他就一定会陷于模仿和停滞不前。""我们不能再无尽无休地复古了。建筑不前进就会死亡。"

另一位德国建筑师密斯（Ludwig Mies van der Rohe，1886—1970）倡导简洁的建筑处理手法和纯净的形体，反对外加的繁琐装饰。提出"少即是多"的名言（less is more），意即以少胜多或以一当十。法国建筑师勒·柯布西耶（Le Corbusier，1887—1965）则赞美基本几何形体，宣称"纯净的形体（pure form）是美的形体"。

格罗皮乌斯说："现代绘画已突破古老的观念，它所提供的无数启示正等待实用领域加以利用。"勒·柯布西耶本人就从事抽象绘画与雕塑的创作，他的建筑作品与他的绘画和雕塑作品一脉相通。

20 世纪 20 年代是破旧立新的时期，其情形与同时期中国发生的新文化运动相似。可以说 20 世纪 20 年代是现代建筑史上的"造反时期"。

然而，没过多少年，又冒出来一位更厉害的造反者。

颠覆者—文丘里

1966 年，纽约现代艺术博物馆出版建筑理论著作《建筑的复杂性与矛盾性》（Complexity and Contradiction in Architecture），作者是美国建筑师 R. 文丘里（Robert Venturi，1925—2018）。他既反对西方古典建筑，也反对现代主义建筑诸原则，并且把后者当作主要的靶子猛烈攻击。

文丘里书的第一章叫"温和的宣言"，作者一上来就说："建筑师们再也不应该被正统现代主义的清教徒式的道德说教吓住了。"

这话无疑是向 20 世纪现代主义建筑师发出的又一次的造反号召！

"温和的宣言"不温和。①他把建筑中的现代主义称为正统现代主义，显然是主张另外的非正统的现代主义；②他把现代主义贬为道德说教，听不听两可，这就否定了它的真实性和真理性；③他把现代主义看作清教徒式的清规戒律，乃束缚人的东西；④他说建筑师们按现代主义的理念进行创作，是被人吓住了。

文丘里出手蛮厉害。

他的主张贯穿于全书，"温和的宣言"中有一段话，扼要地表达出他的旨趣。他用对比的方式讲话，原文是连续的，这里把次序加以分解，他赞成什么和反对什么更加清楚，文先生说：

文丘里认为建筑外形可以拼凑

包豪斯教会住宿部分

文丘里提出建筑外形可以随意

德国德骚市包豪斯教会（1925年）

文丘里设计的母亲住宅

"我喜欢建筑要素的混杂，而不要'纯粹的'。

宁要折中的，不要'干净的'。

宁要歪扭变形的，不要'直截了当的'。

宁要'暧昧不定'，也不要'条理分明'，刚愎无人性，枯燥和所谓的'有趣'。

宁要世代相传的，不要'经过设计'的。

要随和包容，不要排他性。

宁可丰盛过度，也不要简单化，发育不全和维新派头。

宁要自相矛盾，模棱两可，也不要直率和一目了然。

我容许违反前提的推理，甚于明显的统一。

我宣布赞同二元论。

我赞赏含义丰富，反对内容简明。

既要含蓄的功能，也要明确的功能。

我喜欢'彼此兼顾'，不赞成'或此或彼'。

我喜欢有黑也有白，有时要灰色，不喜欢全黑或全白。"

耶鲁大学艺术史教授斯卡里对文丘里这本书推崇备至，他为该书写的引言说："这本书是自 1923 年勒·柯布西耶的《走向新建筑》出版以来，影响建筑发展的最重要的著作。"斯卡里赞叹："此书的论点像是拉开幕布，打开人的眼界。"

另一位评论家说："文丘里……以非常直率的态度进行探讨。实际情况是建筑师现在常常陷于两难境地，不时遇到难办的事，因而感到困惑。而文丘里就把两难处境和难办的事当成建筑设计的出发点。"

　　文丘里的观点的一个重要出发点是：建筑本身就包含着"复杂性与矛盾性"。他写道："建筑要满足维特鲁威提出的实用、坚固、美观三个要求，就必然是复杂和矛盾的。今天即便是处理普通环境中一个建筑，其功能要求、结构、机电设备和表现要求，都是多种多样、相互冲突的，其复杂程度是过去难以想象的。"文丘里批评早先的现代主义建筑鼓吹者对建筑的复杂性认识不足。他们大声把现代的建筑功能放在首位，不顾及建筑的复杂性。

　　仔细研考，文丘里并非完全站在 20 世纪初期现代主义建筑师的对立方面，他的建筑思想在背离古典主义建筑的方向走得更远，设计思想更自由、更任意、更少束缚，几乎到了随便怎样都可以的地步，有人认为他是"后现代"建筑的始作俑者和旗手。

　　本雅明（Walter Benjamin，1892—1940）早就指出传统艺术作品追求的是"韵味"，韵味能吸引观者凝神观照，感受作品的内涵，而今天许多艺术作品以"惊颤"顶替韵味，惊颤使作品具有费解性和疏离性。北京的央视新厦使人惊颤费解即是一例。

　　说文丘里是给当今种种新、奇、怪建筑造型开闸放水的人也不为过。

建筑艺术—"工程型工艺美术"

《辞海》对"工艺美术"的解释是："以美术技巧制成的各种与实用相结合并有欣赏价值的工艺品。通常具有双重性质，既是物质产品，又具有不同程度的精神方面的审美性。作为物质产品，反映着一定时代、社会的物质生产和文化发展水平；作为精神产品，它的视觉形象（造型、色彩、装饰）又体现了一定时代的审美观。"

这些释义基本符合建筑和建筑艺术。

就实质而言，房屋建筑是为了容纳人和人的活动而建造的巨型中空器物。它们必定以大量非艺术的成分为基础，但有一些建筑同时又包含艺术成分和精神价值，有的多，有的少，以至全无。房屋建筑从来不是纯粹艺术品。在古希腊人那儿"技"、"艺"不分。庄子说："能有所艺者，技也。""技"为基础发生、发展出来的，换言之，是技与艺的结晶，也认为"技"与"艺"紧密连在一起。建筑之"艺"从来都是以建造之"技"为基础的。

从古到今，大多数造屋行为都是一项工程活动。建筑艺术存在于房屋之中，建筑的艺术性以实用工程物为载体，或者说附于工程物之上和之中，所以，建筑艺术属于实用工艺美术的范畴。联系到房屋建筑的规模和功用、目的和建造过程，从艺术性的角度考察，我以为，建筑艺术属于一种工程型实用工艺美术。

以上的讨论涉及艺术的定义问题。艺术的定义太多了，哪个对？哲学家、美学家争论不休，千百年下来，迄无定论，不但没有共识，而且有人说根本不可能给艺术下定义。

美国美学家理查德·舒斯特曼是其中一员。他写道："艺术是一个在本质上开放和易变的概念，一个以它的原则、新奇和革新而自豪的领域。因此，即使我们能够发现一套涵盖所有艺术作品的定义条件，也不能保证未来艺术将服从这种限制；事实上完全有理由认为，艺术将尽自己的最大努力去亵渎它们。总之，'艺术的特别扩张和冒险的特征'，使对它的定义是'在逻辑上不可能的'。"（Richard Shusterman，《实用主义美学》，彭锋译，北京：商务印书馆，2002 年，p59）

豪泽尔论艺术形式

20 世纪著名匈牙利哲学家阿诺德·豪泽尔（Arnold Hauser，1892-1978）所著《艺术社会学》中有许多关于艺术形式的论述，他认为自然界本身中并不存在天然的辩证法过程，但他对人类社会文化，特别是艺术中的辩证法现象做了深入的分析研究，提出了不少有启发性的观点，本书将其中可能与建筑有关的论点摘录若干，与读者分享，供大家参考。原书初版 1974 年，英译本 1982 年出版，中文译文见于居延安译《艺术社会学》，学林出版社出版，1987 年。

豪泽尔写道：

"艺术辩证法首先处理的是形式与内容的关系……只有当我们意识到两者的存在及其不可分离性的时候，我们才能把握这样的事实：艺术包含着张力和张力的松弛、对立和对立的调和、分化和综合的辩证关系。艺术作品是可变的表达形式与经验内容互动的媒体和产物，这种互动总是在不断地更新、分化和深化。……形式既不是内容的简单完成，也不是简单地由内容而来的；内容也决不是单纯的基础、形式的不变的支撑者。一部作品开始的时候内容绝不比形式有更为确立的地位。它们是对一个实际上统一的过程进行理论切割的结果。"（p122）

"艺术质量和艺术完成自己任务后先决条件是成功的形式。所有艺术皆自形式始，尽管不以形式终。一件作品要进入艺术领域必须具有起码的艺术形式，若要进入最高境界，那么就要花大气力。……形式和内容是两个完全不同的东西，两者之间的矛盾不可能从艺术中消除。"（p66）

"艺术作品就好像一个窗户，通过它人们可以观察窗外的世界，而不去考虑观察工具的性质、窗户的形式、颜色和结构，但是人们也可以把注意力集中窗户上，而不去留心窗外可见物体的形式和意义。艺术总是对我们呈现这两方面的内容，而我们总是摆动于两者之间。……艺术总是现实的反映，但同时与现实保持着有伸缩性的关系。……一方面艺术只有同现实有所区别的时候才能成为艺术，另一方面，它又总是同现实交织在一起。"（p65）

"形式随内容的改变而改变……但形式仍然代表着内容以外的东西，它可能变成内容，也不是从内容来的。形式与内容的交互性、不可分割性并由此而产生的反同一性组成了两者的悖论关系。"（p67）

"只有当有些内容被放弃的时候，形式才可能达到自身的完善。"（p67）

"对于一件真正的艺术作品来说，形式和内容是融为一体的，人们常常分不清是在看形式呢还是在看内容。"（p67）

"辩证法思想的基本原则是矛盾着的双方并不是相互排除的；恰恰相反，正如个人与社会、形式与内容，两者融为一体，而且只能在相互的矛盾中才能反映它们的本质。"（p70）

"如果一件艺术作品依赖于纯粹的陈规，不冒一点险，那么，它将毫无动人之处；如果它完完全全是创新的，那么又会变得不可思议。艺术家只有接受了其他艺术家接受的习俗，他的艺术个性才能最充分体现出来。"（p19）

"没有哪种智力活动比艺术的产生和消费更加完全地符合辩证法了，更加符合如萨特所说的外在物的精神化和内心的外化的道理了。"（p105）

"尽管否定是不可避免的，但已被否定的东西在整个统一的历史过程中永远不会完全地被抛弃的，总有一部分留作不可更改的成就。"（p81）

"有些过程是可以用辩证法来把握和解释的,有些则不能。对有些现象辩证法是无能为力的。有些现象如不是辩证地来看,那么它们的性质就会含而不露。"(p86)

"北与南、右与左、正电与负电说的仅仅是两极;光明与黑暗、白天与黑夜、数学中的无穷大与无穷小仅仅是互补物;毒与解毒、吸引与排斥、老与新仅仅是相反的范畴。它们与辩证法无关,就是说与矛盾无关。事物的辩证关系总是与内在矛盾联系在一起的。自然界辩证法不能成立,乃是因为自然中无这样的内在矛盾可言。"(p101)

"自然辩证法的虚构——自然是不知道自己在干些什么的……自然的反应方式并不是思考或反映的结果,也不是在表达某种意志,也并不代表某种行动。在这个意义,辩证法仅仅适用于文化功能与结构之间。"(p98)

"在所有社会力量中对艺术家影响最大的就是公众趣味,他可以无视公众趣味,但他无法躲避它的影响……每一件艺术作品无论怎样富有个性和独创性,总是或多或少地与流行的趣味有联系,而公众趣味也随着每一件新作品的问世产生某些变化。"(p135)

美国建筑师菲利普·约翰逊也曾发表过同样的观点,约翰逊说:"沙利文提出形式跟从功能,肯定不对。如果人民心里的观点强劲到能够充分表达出来,形式跟从的就是人民的观点。"

"艺术创作要依靠非艺术或准艺术活动,并以各种方式与这

些活动交织在一起。艺术创作的成功与否常常很难确定，常常面临着须做出妥协和简单化的危险。"（p204）

"影响艺术创造的因素大致可分为两类，一类是自然的、静止（或相对静止）的因素，另一类是文化的、社会的、可变的因素……艺术活动的所有自然因素和文化因素都是在不可分割的相互依赖中发生作用的。"（p38）

"自从同质文化解体以来，每种艺术形式都跟异化经验联系在一起了……现代艺术的特征部分地包含了它的反社会倾向、捉摸不定和为超社会、反理性力量所驱使的情况……现代艺术的捉摸不定，它在值得表达但又表达不出来的事物面前的无可奈何。"（p196）

"应该看到，艺术作品只能部分地被看作艺术家的创造和财富。它既属于他，又不属于他。从心理学上看，那是属于他的，因为那是他意愿的实现。但那又是不属于他的，因为艺术创造不纯粹是主观的产物，而是无数客观因素作用的结果。"

"如果我们理解到：否定是对肯定的一种丰富，否定中包含着肯定，那么我们就懂了辩证法的意义。包含着肯定的否定概念代表了思想更高、更完整的阶段。"（p84）

豪泽尔上述言论很有启发性，但他是就所有艺术而发的，建筑与纯艺术差别很多很大，有自己的特殊性，建筑界朋友需要更多研究与思量。

2006 年《华中建筑》第 1 期载有冒亚龙的一篇文章《建筑美学的哲学阐释》，作者写道："由于建筑美学常以客体建筑的美为研究对象，在本体论意义上研究建筑美的实质、美的形式、美的比例以及由这些客观属性所引起的快感，努力在审美现象后设定一个客观美的规则，以便一劳永逸地找到一种永恒的审美判断标准去衡量建筑作品是否美，形成某种恒久而统一的作品审美定论，表现出对确定性的渴望和追求对不确定性的恐惧与拒斥，偏重审美客体而轻视审美主体，因而存在诸多弊端。"作者接着推介现象学美学："现象学哲学启示我们：不应当只对建筑美学做静态的研究，而应当综合审美客体论和主体论，做动态的、纵向的建筑审美价值观变迁的系统研究……建筑美学的发展必然从本体论走向价值论。"（《华中建筑》，2006.1，p12）

我以为这篇文章的见解值得重视。

勒·柯布西耶和朗香教堂

勒·柯布西耶（Le Corbusier，1887—1965）是 20 世纪著名的建筑大师。前期是现代主义建筑运动的旗手和巨匠，第二次世界大战之后，建筑作品风格明显改变。萨伏伊别墅和朗香教堂分别是他前后期不同建筑风格的代表作，两者相隔 20 年，而差别极大。

　　勒·柯布西耶战后的作品中最重要、最奇特、最惊人的一个是他的朗香教堂。对它我们多用些笔墨。

　　朗香教堂（The Pilgrimage Chapel of Notre-Dame-du-Haut, Ronchamp）位于法国孚日山区（Vosges Mountains）群山中的一个小山头上，从入口一面看，它有一个深色的向上翻起又带有一个尖角的屋顶，从这一面看有点像一条船的船帮。船帮之下是一面后倾的白色实墙体，上面开着大小不一、零零点点的凹窗，另一端有一个个圆乎乎的白色胖柱体，胖柱体与后倾的墙体之间有一缝隙，这里安置着教堂的大门。另外三个立面同这个主立面形式很不相同，而且每一个都不一样。初次看到朗香教堂的一个立面，很难想象出另外三个立面是什么模样。四个立面各有千秋。它们像是一些粗粝敦实的体块，互相挤压、互相顶撑、互相拉扯、互相挣扎，似乎在扭曲，在痉挛。它们是如此奇特，跟谁都不像，真正的独一无二，不易理解、不可理解。朗香教堂兴建于 1950~1955 年，正值 20 世纪中叶，但是除了那个金属门扇之类的小物件外，几乎再没有什么现代文明的痕迹了，它很像远古留下来的什么东西。

　　勒·柯布西耶本人不是某一宗教的虔诚信徒，与他联系的教会方面的神父也很开明，不用宗教的框框指导和束缚建筑师的工作。他让勒·柯布西耶放手创作，只要做出一个能表现宗教意识的健全的场所就可以了。勒·柯布西耶后来说他对"建造一个能用建筑的形式和建筑的气氛让人心思集中和进入沉思的样器（vessel of intense concentration and meditation）"感兴趣。

勒·柯布西耶，朗香教堂，1950—1955 年

在创作朗香教堂前，勒氏同教会人员谈过话，了解宗教仪式和活动，了解信徒到该地朝拜祈祷的历史传统，并找来介绍该地的书籍仔细阅读。过了一段时间，勒氏第一次到现场。这时他已形成某种想法了。勒氏说他要把朗香教堂当成一个"形式领域的听觉器件，它应该像（人的）听觉器官一样的柔软、微妙、精确和不容改变"。勒氏在山头上画了些简单的速写，记下他对那个场所的认识，他记下这样的词语："朗香教堂与场所连成一气，置身于场所中。对场所的修辞，对场所说话。"他解释说："在小山头上，我仔细画下四个方向的天际线……用建筑激发音响效果——形式领域的声学。"这就是说。勒氏把教堂当作信徒与上帝沟通信息的一种渠道，这是他的建筑立意。

此后勒氏用草图勾画出教堂的人体形状。经过大主教艺术委员会的认定后，开始具体设计和推敲工作，并在模型上不断改进。勒氏说，要使建筑上的线条具有张力感，"像琴弦一样"！朗香教堂的各个部分的形式，后来经过研究者的研究。发现许多做法都与勒氏平时长期观察记录所得有密切关系。朗香教堂的屋顶与勒氏 1947 年在纽约长岛的沙滩上拾到的一只海蟹壳有关。在勒氏自己题名《朗香创作》的档案中发现他曾写道："厚墙·一只蟹壳·设计圆满了·如此合乎静力学·我引进蟹壳·放在笨拙而有用的厚墙上。"朗香教堂的墙面和窗孔开法同 1931 年勒氏在北非旅行时见到的民居有关。朗香的三个竖塔上开着侧高窗，天光从窗孔进去，循着井筒的曲面折射下去，照亮底部的小祷告室，光线神秘柔和。原来 1911 年勒氏在罗马附近参观古罗马皇帝亚德里安行宫时，看到一座在岸壁中挖成的祭殿就是由管道把天光引进去的。勒氏当时画下了这个特殊的采光方式。这次在朗香的设计中，他有意运用了这种采光方式。在《朗香创作》卷宗中、在一个速写旁勒氏写着："这种采光！我 1911 年在蒂沃里古罗马石窟中见到此式——朗香无石窟、乃一山包。"朗香教堂的屋顶，东南最高，其余部分东高西低，屋顶雨水全都流向西面一个出水口，再经过一个泄水管注入地面的水池。这个造型奇特的泄水管也有其来历。1945 年，勒氏在美洲旅行时经过一个水库，他当时把大坝上的泄水口速写下来，图边还写着："一个简单的、直截了当的造型，一定是经过实验得来的，合乎水力学的形体。"朗香教堂的泄水管同那个水坝上的泄水口类似。

这些情况说明，像勒·柯布西耶这样的建筑大师，其看似神来之笔的设计原来也有其来历。当然，一点一滴都要考证其来历是无聊的事，以上诸点只是表明朗香教堂的建筑创作是在何等深广厚实的资料积蓄上创造出来的。

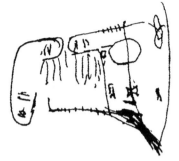

勒·柯布西耶画的教堂平面草图

从勒氏战后的建筑作品中可以看出，他的建筑风格前后有很大的变化，表现了一种与原先很不一样的建筑美学观念和艺术价值观。概括地说，可以认为勒氏从当年崇尚机器美学转而赞赏手工劳作之美，从显示现代化派头转而追求古风古貌和原始情调，从主张清晰表达转而爱好模糊混沌，从明朗走向神秘，从有序转向无序，从常态转向超常，从"瞻前"转向"顾后"，从理性主导转向非理性主导。显然，这些都是十分重大的转变。

建筑风格的转变显示了勒·柯布西耶内心世界的变化。

二战时，他留在沦陷的法国，亲睹战祸之惨烈，他原来所抱的对科学、机器、工业的幻想破灭了。1956 年他在《勒·柯布西耶全集 第 6 卷·1952—1957 年》的引言中写道：

> "我非常明白，我们已经到了机器文明的无政府时期，有洞察力的人太少了。老有一些人出来高声宣布：明天——明天早晨——12 个小时之后，一切都会上轨道……但是，人们都像走钢丝的人一样，他只得关心一件事：到达终点，达到被迫要达到的钢丝绳的终点，人们过日子都是这样，一天 24 小时，劳劳碌碌，同样存在危险"。（W.Boesiger, Le Corbusier: Oeuvre Complete 1952—1957, Zurich, 1958）

更早一些时候，1953 年他在《勒·柯布西耶全集 第 5 卷·1946—1952 年》的引言中还说过更悲观更消极的话：

> "哪扇窗子开向未来？它还没有被设计出来呢！谁也打不开这个窗子。现代世界天边乌云翻滚，谁也说不清明天将带来什么。一百多年来，游戏的材料具备了，可是这游戏是什么？游戏的规则又在哪儿？"（W.Boesigcr, Le Corbusier: Oeuvre Complete 1946—1952, Zurich, 1953）

勒氏死后，学者们研究他晚年的思想，发现他从悲观、非理性又走向神秘信仰，这在他晚年所写的诗和绘画中显露得更为明显。

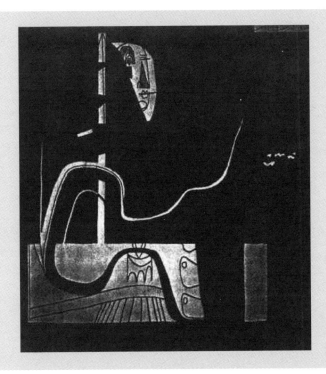

勒·柯布西耶 20 世纪 50 年代的绘画

1965 年 8 月 27 日，勒·柯布西耶在法国南部马丹角（Cap Martin）海中游泳时去世，有人认为是心脏病突发所致，也有人说他是故意要离开人世。

第一次世界大战后，勒氏为现代主义建筑写下了激昂的宣言书——《走向新建筑》。第二次世界大战后，他转变方向，开始新的征程，没有发表理论上的鸿篇巨制，但是他的作品仍然又一次给世界上众多的建筑师以强烈的影响和深刻的启示。单以运用混凝土铸造新的纪念性建筑来说，就对丹下健三、P. 鲁道夫等人和后来的安藤忠雄的作品有深深的影响，这种影响至今仍然未衰。

密斯·凡·德·罗在钢与玻璃的建筑中启示了几代人；勒·柯布西耶则在混凝土建筑方面给全世界建筑师做出榜样。他是 20 世纪世界上为数不多的有最大影响的建筑大师之一。

以今天的眼光看，手工业时代建筑活动变革进步缓慢，样式不多，但经长期传承、从容改进而日臻成熟，产生了精致的典范形式。现代建筑重视的是创意，新鲜式样百出，一个建筑师一个样，每个设计都是一次性创作，建筑样式日新月异，瞬间即逝，能产生精品，却不存在也不需要建筑范式。原因在于社会时代大大改变了。前工业社会各方面都变化缓慢，那时的观念以继承为主，中国人强调"法先王"，祖宗之制不能擅改，西方也差不多。12 世纪欧洲有一首诗中写道：美术楼的"变化之物会失去价值"。如今反过来，"不变之物会失去价值"。

十问　北京的古都风貌能保持不变吗？

颐和园后山一角（吴焕加画）

这个问题一直受到很多人的关注。

这个问题相当复杂相当繁难。因为，在北京这块地方，现今的一举一动都会遇到昨天的历史，今天及明天发生的事全躲不开昨天；一切现存的事物，小到一段矮墙、一处台阶、一棵老树……后面都跟着一串难忘难舍的故事、记忆与情感。讲什么埋论都甩不掉情感。现在时兴说"乡愁"，与北京城有关的乡愁太多了。

古老的封建帝都成了中华人民共和国的首都，这是中国数千年历史上从来未有的，原来的无可避免地不断给北京带来数不清的新事新物，带来无数无可避免的新与旧的矛盾和对立。

如果在一个无名小地方或空地建新的首都，离开北京会省事不少，但失去的太多，所以英、法、意诸国都在历史老城址上建现代首都。

曾听人说人家的伦敦、巴黎的老城保护得多么好呀，我们北京应该向他们学呀！

其实，今日的伦敦、巴黎并非单纯保护保出来的，而都是既保又改，并且改多于保的结果。

拿巴黎为例，19世纪中叶，巴黎已是欧洲最大最先进的城市，但她的市政基础建设仍在沿用着几百年前简单的城市排污方法。市民的生活污水和粪便随意泼入街上的污水沟，涌进塞纳河。与此同时，市民们的生活用水也取自同一条河流。不过，那时的巴黎尚未意识到下水道对城市的重大意义，以至于当时的科学家和工程师曾叹息说，巴黎人对昂贵的歌剧票从不吝惜，但一提到改善城市排污就会抱怨花费过高。

环境很快报复了城市，恶劣的卫生状况一次又一次给巴黎带来瘟疫，每次都有几万人死亡。1852 年到 1870 年，法国正是"法兰西第二帝国"的改建期，路易·拿破仑当皇帝，他任命塞纳省省长欧斯曼（G.Haussman，1809–1891）负责巴黎工作。在欧斯曼主持工作的 18 年间，"巴黎拆毁了 27 000 所旧房屋，兴建了 75 000 所新建筑……新辟了许多花园、医院、车站、市场、剧院、大百货公司……街道进行了根本改造……特别壮观的是明星广场上像光芒般从凯旋门向四面辐射出去的 12 条大街……尤其值得一提的是自来水的供应和下水道系统的建设。由于兴建了瓦纳引水渠与 600km 地下水道网，大多数房屋内都得到了自来水的供应……自来水和气灯的广泛采用，以及下水系统的完成，使巴黎面目焕然一新。……巴黎圣母院也得到了修复。"（罗芃，冯棠，孟华《法国文化史》，北京：北京大学出版社，1997.p192）

正是有了四通八达、连接起城市每一座建筑、每一条街道的下水道，巴黎才得以保持了一个半世纪的高贵和优雅。它送走了见不得人的污秽，这才有了巴黎的清洁和塞纳河的美丽清澈。

在完备的下水道系统建立之前，巴黎也曾饱受内涝、肮脏与恶臭的困扰。图片展示了历史上一次大暴雨所造成的内涝，连火车站也变成了混乱的"水乡泽国"。（摄影 /Stefano Bianchetti/C）

近代伦敦城面貌的变化

城市是物，但不是自然物，而是渗透了历史、习俗、艺术、生活方式、人生等文化内涵之"物"，本身是物化的文化。人能够将自己的感情移入现在或过去生活过的房屋、院落、里巷、街区……那里的一切。

这些年，要求保存、保留、保护旧建筑、老街道、老城垣的思潮高涨。一些人热烈赞美清朝、明朝建成的老房屋、老街道、老环境，反对改变旧状旧貌，对于拆旧房子之事深恶痛绝。他们的出发点各不相同：许多人对打小生活过的房屋和街道巷子怀有极深的难忘的感情；有人是历史学家、考古学家、建筑史学家……从学术研究的目的出发；有人醉心历史文物，从宝物鉴赏家、收藏家的心态出发；甚而有人带着经济头脑，打着经营旧宅子赚钱的算盘，等等。

这些保存旧状旧貌的思想有其时代特征。20世纪后期，西方国家完成现代化的任务后，出现了一股怀旧之风，加上世界旅游事业的推动，保存旧状旧貌成了一种运动，成了一种风尚。

王蒙先生是我非常敬重的中国作家,非常爱读他的作品。王蒙在题为"旧宅"的文章中写道："五十多年前，你在这里出生学语。五十年前，你在这里嬉戏。四十年前,你在这里读书写字。三十年前,你在这里成婚。二十年前,你在这里生火炉……在这里住过、想过、饮过、爱过、闹过。"这段话非常生动准确。人住过的房子、街巷即使简陋、破旧，人也不会无动于衷。对于城市和邻里，有个人独自的记忆和情结，又有社会的集体记忆和怀旧情结。我很赞同和欣赏这段文字。但是对王蒙先生另一段话有些不同看法。

伦敦明嘉靖二十九年（明）1550 年

伦敦明万历四十四年（明）1616 年

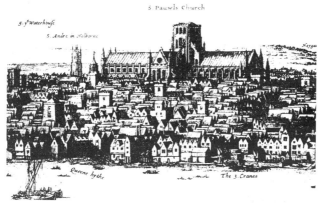

伦敦清顺治七年，清初

伦敦 1666 年清康熙五年　　9 月 2 日大火十日熄灭

18 世纪中期的伦敦　　清乾隆十三年　1748 年

伦敦清嘉庆七年　1802 年

伦敦太平天国九年　清咸丰九年　　伦敦（清）1859 年

他在所著《中国天机》中写道（312页）：

> "我们要的是现代化的、欣欣向荣的北京，在这个意义上说
> 什么新北京是可以接受的，但我们不要改变面貌，不要全然的新。
> 北京的价值在于它的文化记忆与历史积淀，北京的魅力在于它的
> 古色古香，北京的意义在于它提供了完全不同的一个城市面貌，
> 真正的一个有着现代意义的北京不是对于它的历史的排斥而是对
> 于它的历史的珍惜，不是对于它的原来面貌的摈弃而是对于它的
> 旧有面貌的保持与坚守。北京如此，整个中国也是如此。中国的
> 存在的理由很大程度上在此。在这个意义上，老的意义大于新
> 北京。"

我以为这段话有对有错，有几处不能苟同，因为不符合实际情况。

其实好多人不知道清末北京城墙就出现了变动。光绪二十二年
（1896年）京汉路通车，接着京奉、京张、京通等线开通，1915年北
京建造环城铁路，拆除正阳门瓮城，1931年拆除宣武门瓮城箭楼。至
1931年，北京城墙被拆出7个豁口，一座瓮城被穿通（崇文门），一
座箭楼（宣武门）被拆除，两座角楼和5座箭楼孤悬城外，城墙脚下则
建造了大小15个洋式火车站。1937年东西长安街直穿城外，古城墙又
添三个豁口。（王世仁、张复合，《中国近代建筑总览—北京篇》，北京：中国建
筑工业出版社，1993）

本书作者认为北京既定为人民共和的首都，就不可避免地要进行必
要的新建和改建，清朝刚刚垮台，北京城就立即开始局部地拆改了，人
们大多想不到最早主其事的是热爱中国传统建筑的朱启钤先生。

朱启钤与北京城

说到今天的北京城，我们不应忘记一个人：朱启钤先生。

朱启钤（1872—1964），光绪举人，字桂辛。清末曾任京师巡警厅厅丞、津浦铁路北段督办。北洋军阀时期曾任交通部总长、内务部总长等职，曾督办京师市政，常走街串巷，了解市政实况。其间完成正阳门的改造、拆除天安门前千步廊、贯通东西长安街、南北池子、兴建中央公园等工程。新中国成立后任中央文史馆馆员，全国第二、三届政协委员。

2009 年天津大学出版社出版朱启钤《著营造论——暨朱启钤纪念文选》，书中有朱启钤后人朱文极、朱文楷所写《缅怀先祖朱启钤》等文，记述朱启钤对北京城所做的改变工作。

1914 年 6 月 23 日朱启钤向上级提出《修改京师前三门城垣工程呈》，朱启钤之子解说道：

> "北京内城的南大门为正阳门，正阳门之前有一箭楼。正阳门与箭楼之间有瓮城围护。……前门外与内城之交通，只限于门楼的洞门，当然形成拥挤堵塞之事实。先祖掌内务……于是决定拆除瓮城月墙，疏通道路。当时有人反对此为拆毁古城，破坏风水，罪莫大焉。先祖干冒天下之大不韪，毅然兴工，将瓮城拆掉。正阳门两侧原与月墙接合处，凿开豁口，于是内外城的交通，顿时疏畅。……当年动工时，在开工典礼先祖手持银斧，破土动工。"
>
> （p165）

朱启钤次子朱海北在为朱启钤《一息斋记》一文所写按语中记述：

> 1914 年，先父启钤公任内务总长兼北京市政督办时，着手改建正阳门城垣和前门箭楼，并拆除了天安门对面两侧的千步廊，将清代社稷坛开放为中央公园（即今之中山公园），供人游赏……启钤公当时忍辱负重，在谤言四起的攻击声中，任劳任怨地举办了这些具有卓识远见、造福后人的公益事业。"

1919 年朱启钤在江南图书馆发现宋代李明仲《营造法式》手抄本，组织专家加以校核，于 1925 年付梓刊印。1930 年正式组成"中国营造学社"。学社是系统研究中国传统建筑的最早最重要的学术机构，梁思成、刘敦桢等研究中国建筑的大师都长期是学社成员。

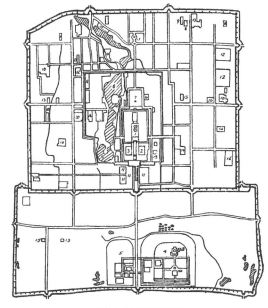

明清北京城平面略图

1—宫殿　2—太庙　3—社稷坛　4—天坛　5—先农坛
6—太液池（三海）　7—景山　8—文庙　9—国子监
10—诸王府公主府　11—衙门　12—仓库　13、14、15—寺庙
16—贡院　17—钟鼓楼

北京是千年古都，事实上，北京城自出现以后，在历史上、现在和将来，都是有"扬"又有"弃"过来的，只是在不同的历史时段，规模、力度存在差别。

今天的北京作为现代大国的首都，遇到的问题，无论理论上和实践中都充满对立和矛盾，非常复杂，按形而上学的思维无法找到正确出路，必须以马克思主义辩证思想为指导，按改革开放的方针以既向前看又向后回顾的眼光，用综合创新的法式处理城市建设中遇到的各种问题。

北京在这条路上已经取得令人满意的成就，今天的北京已然是一座既古又新的世界大国的首都，但还要继续努力。

对于本问题，简单的回答是：能够保持又不能完全保持，必然改变又不是全然改变，保不是全保，改不是全改，即有保有改，出现一个有传统又有创新，既蕴含传统风貌又是现代世界大国首都的北京。

古老的北京城和当年的伦敦巴黎一样，到了近现代，不可避免地要经历一番历史辩证法决定的规模很大的既矛盾又统一的转变历程。

统计数据显示，2017 年：北京市接待会议数 21.5 万个，其中国际会议 81 个，接待会议人员 1723.8 万人次。2017 年北京规模超过 1500 座席的大型会议中心超过 194 个，可容纳会议人数达 48.8 万人。目前北京有四五星级酒店 200 多家，客房数达 11.38 万间。（《参考消息》2018 年 12 月 3 日 14 版）近数十年来，如果北京没有采取又保又改的做法，实难有这样的成果。

近代北京城——停步二百年

北京城的城市基础设施自建成之后，长期没有得到改进和提升。

北京城的前身元大都建成于 1271 年，到明代在平面形状上有所变动，清朝接着使用。清朝统治者原是边疆少数民族，1644 年入主中国后认为原有的一切都极好，不需要也不可能加以提升，便一切照旧，加之闭关锁国，夜郎自大，科学技术方面更得不到什么发展，使中国在近代继续处于农业、手工业的自然经济状态，城市的物质技术基础也就谈不到改进。直到 19 世纪末，北京城的设施水平与中国古代皇都相差无几，基本上停留在中古时期的水平。

许多资料文献记述旧日北京城市基础设施的实况。梁实秋在一篇名为"北平的街道"的回忆短文中写道：

"'无风三尺土，有雨一街泥'这是北平街道的写照。也有人说，下雨时像大墨盒，刮风时像大香炉，亦形容尽致……北平苦旱，街道又修得不够好，大风一起，迎西而来，又黑又黄的尘土兜头洒下，顺着脖梗子往下灌，牙缝里会积存沙土，咯吱咯吱地响，有时候还夹杂着小碎石子，打在脸上挺痛，迷眼睛更是常事，这滋味不好受。下雨的时候，大街上有时候积水没膝，有一回洋车打天秤，曾经淹死过人，小胡同里到处是大泥塘，走路得靠墙，还要留心泥水溅个满脸花。我小时候每天穿行大街小巷上学下学，深以为苦，长辈告诫我说，不可抱怨，从前的道路……那才令人视为畏途……（前门一带）壅塞难行，前呼后骂，等得心焦，常常要一小时以上才有松动的现象。最难堪的是这一带路上铺厚石板，年久磨损露出很宽很深的缝隙，真是豁牙露齿，骡车马车行走其间，车轮陷入缝隙，左一歪右一倒，就在这一步一倒之际脑袋上会碰出核桃大的包左右各一个。这种情形后来改良了，前门城洞由一个变四个，路也拓宽，石板地取消了，更不知是什么人做一大发明，'靠左边走'。"

（《梁实秋名作欣赏》，北京：中国和平出版社，1993 年，p106）

又有人形容旧日北京的街道是"晴天沙深埋足，尘土扑面；阴雨污泥满道，臭气熏天"，这里为什么竟然说"臭气熏天"？这也是实情。

邓云乡先生在所著《北京四合院》中，引用仲芳《庚子记事》中的几则记事，让我们知道了 1900 年北京一般街道的卫生状况。邓书中写道：

"1900 年仲芳氏编写的《庚子记事》，有两处特殊的记载。八月初九日记事中云：'德国在通衢出示安民，内有章程四条，其略曰：……一各街巷俱不准出大小恭，违者重罚。'九月十七日记事中云：'近来各界洋人，不许人在街巷出大小恭，泼倒净桶。大街以南美界内，各巷皆设茅厕，任人方便，并设立除粪公司，挨户捐钱，专司其事。德界无人倡办，家家颇受其难。男人出恭，或借空房，或在数里之外，或半夜乘隙方便，赶紧扫除干净。女眷脏秽多在房内存积，无可如何，其所谓谚语，活人被溺憋死也。'十一月十六日记云：'各国界内不准在沿街出恭，然俱建设茅厕，尚称方便。德界并无人倡率此举。凡出大小恭或往别界，或在家中。偶有在街上出恭，一经洋人撞见，百般毒打，近日受此凌辱者，不可计数。'"

邓云乡先生叹曰："至于说当年是因为习惯于在胡同中随地大小便，盖房子便不考虑盖厕所；还是因为盖房子都不盖厕所，而使居民养成随地大小便的习惯呢？孰为因，孰为果，一时也说不清楚，但却要等到洋人来了，才出'不准沿街出恭'的告示，才'建设茅厕'，这明、清两代，堂堂五百多年的皇都，在此点上，未免太不文明了。"又，"旧时四合院，不少都没有厕所，当然，更没有下水道，小胡同中，污水便要在门口乱泼了。"（邓云乡，《北京四合院》，北京：人民日报出版社，1990，p65、p66）

其实，在欧洲，城市居民随处便溺也有很长的历史。16世纪的巴黎有人口20万，人们随地便溺，满街污秽。使用尿盆的人往往在屋内喊一声"当心水！"随即把污水从窗口倾出，路人躲闪不及，便会遭殃。在17、18世纪法国王权鼎盛时代，甚至在富丽堂皇的卢浮宫的院子、楼梯背后、阳台上和门背后都可方便，谁也不怕被人看见。记载说当时一位名叫蒙丹的人想在巴黎找一个闻不到臭气的住所竟不可得。

只是到了近代，随着科学技术的进步和经济的发展，伦敦、巴黎等发达国家的古都经过几番大规模的改建改造，城市的和房屋的卫生设施大为改进，才从原来的中世纪城市蜕变成文明的现代国际大都会。

发达国家之发达主要在 18 世纪中期以后的一百多年中，而中国之积贫积弱主要也在那个时期，在西欧国家大跃进的时候，中国在休眠，列强的首都走出中世纪步入近现代，北京城还在原地踏步。此消彼长，到 1900 年，八国联军武力侵入北京，竟由那些入侵者来纠正北京自古沿袭下来的不卫生的陋习，真是没法说！

清朝被推翻后，北京的城市性质改变。20 世纪前期，北京城多少进行了一些现代市政设施建设，1910 年部分地区有了自来水，1914 年才开始有渣石路面，1924 年出现有轨电车，1935 年开始有公共汽车，都只有一两条线路。

上面讲到 1900 年北京的公共卫生状况，后来情形如何呢？

先前，北京的"粪业"一直操在"粪霸"手中，历史长达四百年，北京的城墙根、护城河两岸及关厢一带有数以千计的粪坑、粪场，情状之恶劣不必提了。1949 年 8 月，北京解放不久，市人民政府即颁布《城市存晒粪便处理办法》，限期清除城区的粪坑、粪场和积存的粪便。1951 年 11 月，公安局、卫生工程局废除封建的粪道占有制。1952 年 3 月，市卫生工程局再次限期取缔城内和关厢地区的粪场，规定一律迁往郊区的五个处置场。1900 年之后，又过了半个世纪，北京的粪便问题才有所治理。（摘自吴焕加，城与人——关于北京城，《读书》，2007 年第 10 期）

后　语

写完上文，还有一些想法和念头就放在这后语中。

建筑具有多方面双重性，盼有《建筑辩证法》

豪泽尔在他的《艺术社会学》中不赞同自然辩证法，而他指出："马克思主义辩证法关心的是伴随着变化、障碍和曲折的发展过程的考察。"豪泽尔又说："没有哪种智力活动比艺术的生产和消费更加完全地符合辩证法了。"（p105）

的确，稍微重大的建筑在设计和建造过程中都遇到并存在许多矛盾，设计者的精力很大一部分是在处理矛盾，包括建筑物本身必有的内在矛盾，还有外在的矛盾，如与投资方、政府机构、使用方、来自群众的不同意见等，因此我盼望有学者写一本重点从辩证法角度研究建筑矛盾的著作，书名可以叫《建筑辩证法》。

建筑设计工作牵涉多个方面，可以从许多角度加以阐述。从形体方面讲，可以说建筑设计者要塑造一个建筑物"体型"，这个体型要能包容该建筑的种种条件和需求，其中有物质和思想两方面的。要做出令多数（不可能全部）有关人员满意的造型，设计人员要付出极多的努力，

175

他要有深厚的文化素养，才能奏效，获得好的成果。

房屋建筑自身就包含许多矛盾的要求和因素，因为它们服务于人类生活，而人类生活极其复杂多样，衣、食、住、行；生、老、病、死；生产、经济、宗教、习俗、科学、艺术、娱乐、享受……每一方面都需要房屋建筑。房屋建筑复杂性与航天器等的复杂性不同，在于房屋建筑与人类生活的方方面面，无论公与私，都有牵扯，而同时有多方面的需求，许多需求实际上是矛盾的。

建筑中每一对矛盾存在，就造成一个双重性。许多矛盾同时存在，矛盾重重，就形成房屋建筑性质多维度多方面的双重性。最显著的是"人文性与科学性"之双重性；"理性与感性"之双重性；"艺术与技术"之双重性。此外还存在"自然物与人造物"的双重性；"艺术与非艺术"的双重性；"显露与掩藏"的双重性；"个性与流行性"的双重性；"个人创造与集体贡献"的双重性；"当代与历史影响"的双重性；"节约与奢华"的双重性；"简约与复杂"的双重性；等等。

文丘里的著作名为《建筑的复杂性与矛盾性》，这个书名早就令我赞赏不止。

总之，房屋建筑中包含、表现、反映着人类生活的多样性、矛盾性。人们从房屋建筑中可以察看出人类过去和现在的物质、思想、感性、理性、科学、艺术等的状况。各种复杂的需求，不仅在当时使用房屋建筑存在很多的双重性，而且那些特殊需要和特性还会通过观念和习俗的惯性与集体记忆，直接或间接、物化和固化于房屋建筑的众多部分或处理手法之中。

这样，房屋建筑之中便逐渐包容汇合了人类社会种种和矛盾对立的因素，使房屋建筑本身成为一个矛盾集合体，或称多种矛盾的耦合体，能够让人们从许多不同角度加以探察、思考和欣赏。

不同历史时期和不同地域的房屋建筑之所以吸引人，令人感到内容非常丰富，比别的许多东西更耐看更有意思，建筑的矛盾性和复杂性便是一个重要原因。

故宫一角（吴焕加画）

中国新建筑："西学为体，中学为用"

中国文化"全盘西化"绝无可能，但某些领域"半盘西化"已是现实。有的地方，农民下田也披件西服上衣，虽然质量不敢恭维，但确实不是过去的对襟马褂，穿着者泰然自若。我在许多偏远地方旅行，见当地人建的房子大都用钢筋水泥，门窗过梁和阳台挑台以及平屋顶琳琅满目。北方地区的住房前面往往另外建起了大片玻璃窗墙。

城市的房屋建筑早就脱离了老面貌，现在许多小城市也改头换面，日新月异，琳琅满目。为了发展旅游业，才会建造若干地道的老式的房屋建筑。

中国历史上对"体用"这个哲学范畴有许多研究，其说法不一。到近代，张之洞等人提出"中学为体，西学为用"说，盛极一时。我们此处的"体"，是指本体或实体；"用"，是指作用、功用或用处。中国历史上中外建筑交流很少，体用者都是本土的。最近一百多年，外国工业革命后产生的工业化机械化的建筑材料和技术，是完全的"中体中用"。

清朝统治者的颟顸无能，使中国在世界上停滞止步二百多年。中国的建筑业也停步不动。进到 20 世纪，国人努力赶上，掌握了国外近代的先进建筑技能。可以说，中国的建筑行业在改革开放方面，走在很多行业的前面。

这里举一个"中体中用"的建筑与"西体中用"建筑并处的实例。

北京的天安门城楼是地道的"中体中用"的建筑。而在同一广场上，1959 年建成的人民大会堂则是一座"西学为体，中学为用"的建筑。如果不运用外国近现代建筑的材料、技术、设备，大会堂不可能完成现代大国首都必要的多种功能需要。而如果大会堂缺少了融入建筑许多部分的中国传统建筑形象元素和处理手法，这座大会堂就不会具有现在那样的中国气质和中国气派。

建筑有没有普适的理论

我们学数学、物理、化学的时候，都遇见许多公理定律定理，不记不行。可是学建筑不同，很少有死记硬背的东西。窗子的高和宽没有死规定，由你看着办。做机械设计，尺寸极严格，丝毫不准差，而做建筑设计，则有很大的自由度，轻松多了。所以说建筑设计有很高的相对性和主体性。

由于这种特性，即使宗教当局和政府对房屋建筑有过许多制度规定，历史上的建筑还是有许多转变和差别。到今日，演变的速率愈加迅速，差异愈加显著。

今天，大建筑师人自为战，时时出新，方针早定：人无我有，人有我新，人新我怪，一般人只得瞠目以对。

建筑名师提出过许多个人的创作主张、看法和见解，有时提出一些深刻的、睿智的、有诗意的观点、主张、名言、方法和警句……这些算不算建筑理论？或碎片化的理论？

公元前 32 年至 22 年间，古罗马的维特鲁威著《建筑十书》，该书有多种版本，流传很广，今天看来，内容复杂。中译本由高履泰据日文版译出，由中国建筑工业出版社于 1986 年出版。

这部两千多年前的建筑著作内容广泛，有观点又有许多当年的技术方法和经验。

《建筑十书》中的"第一书"第三节标题为"三、建筑学的部门"。为保持原貌，将该节文字照录于下：

> "建筑学的部门是三项：建造房屋；制作日晷；制造机械。建造房屋又分为两项：其中之一是筑城和在公用场地上建造公共建筑物。另一则是建造私有建筑物。公共建筑物的分类是三项：第一是防御用的；第二是宗教用的；第三则是实用的。防御用的要预先考虑设计城墙、塔楼、城门，使其经常能够抵御敌人的攻击；宗教用的是建立永生的诸神祇的庙宇和神圣建筑物；实用的是布置供大众使用的公共场地，即港口、广场、浴场、剧场、散步廊以及以其他同样理由而在公共场地规划的建筑物。
>
> 建筑还应当造成能够保持坚固、适用、美观的原则。当把基础挖到坚硬地基，对每种材料慎重选择充足的数量而不过度节约时，就会保持坚固的原则。当正确无碍地布置供使用的场地，而且按照各自的种类朝着方向正确而适当地划分这些场地时，就会保持适用的原则。其次，当建筑物的外貌优美悦人，细部的比例符合正确的均衡时，就会保持美观的原则。"（中译本第14页）

　　《建筑十书》中细致记载大量当时的建筑施工技术经验。对于今日已无大用。现今一些建筑界人士常常提及维氏的"坚固、适用、美观"三原则，并有人认为这是给建筑所下的经典定义。笔者以为这三条其实是一般人对房屋建筑的基本"要求"，认为是为建筑下的定义，则不合适。因为"坚固、适用、美观"，是人们对一切人造物和所有器物的共同要求，并未指明房屋建筑的特性与用途，不能视为建筑的定义。

　　迄今尚未见到对"房屋"和"建筑"的简明精准和公认的定义。原因大约是两者的类型太多，等级过繁，差别太大。维特鲁威书中谈建筑时也是分门别类地讲述。

　　纪晓岚说："天下之势，辗转相胜；天下之巧，层出不穷，千变万化，岂一端所可尽乎。"（《阅微草堂笔记》）

　　关于建筑的主张、方针、政策、方法，得不得了取所，事实是并存并立，早就百家争鸣，百花齐放，各取所需了。

　　罗马维特鲁威提出"坚固、适用、美观"。中国汉朝丞相萧何为汉高祖提出建造宫殿的方针是："夫天子以四海为家，非壮丽无以重威。"中国20世纪50年代政府的建筑方针是"实用、经济，可能条件下注意美观"，是当时实行计划经济的需要。德国法西斯头子希特勒对建筑有特别的要求。1938年他建造新总理府，对建筑师艾·施佩尔说："花再多的钱都没关系。……我需要宽敞的大厅和会客室。"施佩尔用大理石造出冷肃的新古典主义的建筑,柱高42ft(约13m)。外国外交官要走过4间高大的厅堂,才能见到主人。希特勒称这段长路有助来人充分领略"德意志帝国的强大和壮阔"。(《第三帝国,权力的中心》,美国时代生活丛书,1990,石平萍译,海口:海南出版社,2000,p44)

一种建筑理论和思想不可能恒定和普适,或迟或早都会发展改变。例如,1999年英国人D.S.Capon写了两本建筑理著作,上册书名直书《维特鲁威的谬误——建筑学与哲学的范畴史》。(中文版王贵祥译,北京:中国建筑工业出版社,2007)

房屋建筑类型多,差异大,数量无限,又时有变化,出现恒定、完整、统一的,而且真正管用的理论体系的希望恐怕非常渺茫。但是我们可以期望的是分类型的,分时代的,化整为零的,阶段性的建筑理论,或理论性的研究成果。令人高兴的是这样的成果已经出现了。

建筑方面的理论近似哲学美学等人文学科的理论的样态,学派林立,前仆后继,不可能定于一;由于建筑本身的属性,它的理论完全不同于结构力学、材料力学那样对错分明,到处通用的模式。

清华大学图书馆

第二次世界大战结束不久，我于 1947 年从兰州一所高中毕业，入清华大学航空工程系学习。一年后，听了参加联合国大厦设计，刚从美国回来的梁思成先生的一次演讲，便想改学建筑。我大胆敲开梁先生的办公室，请求转系，蒙他收纳。至今已在这个校园待了 70 年出头。

清华园里有中国传统的建筑与园林，又有众多近现代西式建筑，中外古今不同时代的建筑和园林融合在一起，历经前人后人及今人的细心谋划和照料，形成一个中西合璧、适用完备、厚积科学与人文气质、非常宜人的现代大学校园。其中有不少各具特色的成功的房屋建筑，清华大学图书馆即是一个优秀的实例。

现在的清华大学图书馆的建筑不是一次建成的。

最早建的是东南面的一翼，立面朝西，设计人是美国建筑师墨菲（H.K.Murphy，1877-1954）。他于 1914 年首次来中国，在中国许多城市设计建造建筑。1919 年设计并建成清华大学图书馆东南一翼。

1931 年扩建北面一翼，设计人为我国现代建筑先辈杨廷宝先生。杨先生设计的后建的北翼与先建的南翼正交，在两翼接合处建造一个新的大台阶入口，前后两部分外观与用料相同，台阶入口成为图书馆的主要入口，杨廷宝先生的扩建部分（1930—1931 年）与墨菲原建部分（1919 年）合为一个整体，无论功能使用还是形象，都合理又合用。不了解实情的人，会以为那前后相隔十年的两部分是由一位建筑师一次设计一次建成的完整壮观的建筑物。

墨菲和杨老两次建成的图书馆建筑面积共 7700m²。到 20 世纪 80 年代已不够用，亟须扩建，需要增加 20000m²，相当原有的三倍。这次扩建任务由本校建筑学院教授关肇邺院士承担。

在百年老校的核心地段扩建偌大的图书馆建筑难度极大。首先是地段不易处理。清华园已有的重要建筑物都在周围，除原有的图书馆外，有大礼堂、体育馆、大操场、三院教室及数座学生宿舍楼，扩建工程可用地段的形状与人流走向造成许多限制和约束。一个重要的问题是将要扩建的新的部分与现有的建筑环境在体形风格上将造成何种关系。

　　关先生拒斥文丘里那种不顾一切随意乱来的建筑主张，首先提出"尊重历史，尊重环境，为今人服务，为先贤增辉"的十八字理念。在那个特定地点，这是非常正确甚至可以认为是唯一合适的方针。在这一方针的指引下，设计者将杨廷宝先生设计的图书馆大门原样保留。而在老图书馆西翼后围建出一个新的院落，院子的南面留出一个大豁口，这是非常关键的显示高度智谋的一招。院子是中国传统建筑极具特点的空间样态，关先生将新扩建部分的入口就开在院子的西端，人们从院子南面的豁口进入院子，才见到新的入口。这个新入口的布局避让开杨廷宝先生设计的旧有大门入口，谦逊有礼，实现了设计人的初衷。新入口本身处理精细，鲜亮新颖显明，与老馆建筑风格同中有异。入口开向院子，独出心裁，又与中国建筑传统相合，图书馆新旧两部分因此有分有合，不卑不亢，合情、合理、合礼。清华大学图书馆百年之内经三位大建筑师精心设计，前后有三个显赫的大门，特别是后来的两个，设计十分精妙。

　　这座图书馆建筑本身就可说是清华园中一座"三朝元老"建筑。

1.新馆主楼
2.南配楼
3.北配楼
4.普馆
5.斜廊
6.下沉花园
7.哲学楼
8.教学楼
9.地学楼
10.文史楼
11.生物楼

清华大学图书馆

附　建筑人生记往

转系

1948 年，梁思成先生从美国回来，他是清华大学建筑系的创办人和系主任。他去美国考察建筑教育，并作为中国代表参加纽约联合国总部的建筑设计工作。他回到清华园不久，在科学馆做一次讲演，内容是批评许多理工科人士不了解人和社会，知识不全面，只能称为"半个人"。

"半个人"之说是那时西方知识界的一个流行话题。我听讲以后大为触动。心想建筑系大概与一般的理工科不一样，便跑到水利馆楼上，暗自探察设在那里的建筑系怎么样。清华建筑系成立很晚，二战后才有，当时没有专用的建筑物。我到那里一看，果然与其他理工科系不同，大不相同。

建筑系墙上挂着很多美术和建筑图片。资料室里除了书刊外还有陶瓷、塑像之类文物，充满人文气氛。再看上课情形，与其他理工科系完全不一样。理工科低年级多为大课，下课后见不到教授之面，全靠自己钻研。

我决定转念建筑系。

一天，我敲了梁先生办公室的门，进去说明来意，梁先生问你画画如何，我拿出在航空系的成绩册，说我的"画法几何"和"机械制图"成绩不低。先生说建筑系学生要的是徒手画能力。恰巧我喜欢画画，在高一时曾当过附中美术社的社长。问答之后，梁先生准许我转系。

建筑系主课是做建筑设计练习，假题真做或真题假做，学生画了方案，老师看了之后，除了指出不足之处，还听取学生的意见，再动手帮你改好，一路都是一对一对话，师生之间像是商量什么事情。

在梁先生的领导下，建筑系祥和愉悦。当时建筑系学生人数很少，每班不过十几人至二十余人。过年时全系师生举办联欢晚会，梁先生和夫人林徽因也曾参加，与学生同乐。

建筑系上上下下大伙都轻松愉快。

我之转系也有内因，航空系的课程都很难，高年级学生讲空气动力学更难，像读天书。我就有些胆怯。先前从未听说有建筑系。否则就不考航空系了。

进了建筑系实在高兴。我曾经被选为学生代表。有一次，老师们在梁先生家开会，让我作为学生代表旁听。林先生当时是建筑系的兼职教授，因身体不好躺在旁边另一房间，她也参加会议。只见她发表意见时，先轻喊一声"思成啊！"接着讲她的意见。

建筑史教员

系里让我跟毕业班再学半年然后毕业。半年很快过去了，我被留校做城市规划教研组的助教。

不久，我带几名大学生到邯郸和石家庄等中小城市的建设局去实习。又一次同两位研究生（吕君和英君）去郑州实习，长了不少见识。当时有大批苏联专家来到中国。一位苏联专家到清华建筑系讲城市规划课，别的大学也派人来听课。

当时我已加入中国共产党。过了一段时间，由于政治运动，人事发生变化。历史组两名党员教师被调去校党委机关。我则被调离城市规划教研组，改去建筑历史教研组。我当然服从调动，也并无反感。

当时历史组从事中国建筑史研究的人员较多，还有莫宗江、赵正之两位老先生。讲外国建筑史的只有陈志华先生一位，他已经出版了一本讲19世纪以前外国建筑史的教材。我不懂俄文，仅能看英文，好在系图书室里还有一些新中国成立前留下的西方出版的建筑书籍和杂志，我就翻读那些材料，讲讲外国现代建筑吧。

讲外国现代建筑难的不是资料，难的是你的政治立场和态度。古代的东西离我们远了，关系不密切，说好说坏都无妨。外国现代建筑那些样态与主张，与我们有现实的密切的关系。

西方现代建筑是资本主义社会和帝国主义国家的产物，西方正在敌视新中国，我们则一边倒向苏联，对西方文化大加挞伐。

建筑这东西同生产力与政治文化意识形态都有关系。讲现代建筑就不能不同所在社会联系。我知道讲西方现代建筑要做到正确、完备、合理十分困难，评价时候拿捏要非常细心。为此我努力学习。除了一般的历史文化艺术著作外，还尤其重视注意马列主义作家在这方面的著述，例如，我认真读了普列汉诺夫的著作，斯大林关于语言学的文章，料日丹诺夫论艺术的著作，等等。我怕上课讲着讲着没词了，所以每次上课前要花很多时间备课，年长以后还是如此。

对于 20 世纪前期欧洲的建筑改革的新论新作品，我总体上赞成接受，但也不全盘喜爱。因为先前接受过古典主义艺术的熏陶，对于 20 世纪中期美国建筑师斯东和雅马萨奇的建筑作品有偏爱，因为他们的作品中渗入了古典主义的构图手法。有一次我举出斯东设计的美国驻印度大使馆的造型虽用的是新材料，但有基座、有柱廊、有檐部，承继了古典建筑大的构图原则，古今新旧结合，是好的作品。这本是学术性的评论，不料到了政治运动时候，有了麻烦。

有一个学生提出了批评。他说他家在香港，幼时讨过饭，亲历过洋人欺侮中国人。当时中印边境又打战。美国驻印度大使馆是双料的反动建筑，不应赞扬。

不过，这次批判没有闹大，不久就过去了。

1961 年上半年，大概有了闲时间，我把讲西方建筑的事情做了小结，写成题为"西方'现代派'建筑理论剖析"的文章，并大胆地寄"人民日报"，获得发表，是"人民日报"首次刊登关于建筑的文章。时为 1961 年 7 月 6 日。1963 年 6 月 16 日北京"光明日报"发表我的另一篇文章："混乱中的西方建筑艺术潮流"，是应邀写的。

此后，我就一直固化在建筑史这个圈子里了，跳不出去了。

在罗马

联合国教科文组织（UNESCO）下属的罗马文物修复中心（ICCROM），每年举办一个为期半年的研习班。1980 年给中国一个免费名额。学校让我去了。

对于我又是一个大好机会。您想，一个讲外国建筑史的教员，就说我，在课堂上用幻灯片给学生讲外国土地上的建筑，这个好，那个坏，这点好，那点差，如数家珍。问一声：你见过么？没有。截止到那时，外国建筑史课讲了几年，我连外国土地上的房子一栋也没亲见过。现在，几十年过后，老师没见过的世界建筑名作，有些学生已去参观过了。

深入研究过有关材料，没有亲眼见过的东西也是可以加以解释的。不然，很多事办不成。例如讲唐代历史的人，没有一个在唐朝生活过，谁也不管曾见过武则天否。

罗马街头一景（吴焕加画）

罗马一角（吴焕加画）

将去罗马，太高兴了。

1980 年 1 月我经巴黎抵达罗马，那时出国人少，使馆有车来接。沿路看见一些老建筑，我说出它们的名称，使馆人奇怪，我答它们是我未谋面的老朋友。当晚使馆同志送我去一小旅馆暂住，嘱我明早勿忘留点小费在桌上。

第二天经中国同学介绍住进一家出租屋，过几天又改住一个教会办的宿舍，一人一小间，有修女管理，小房间窗外即屋顶，并提供早点。那一带有一些手工作坊，如修理家具的。

当时国内物资商品匮乏，多数定量供应。

罗马商店里物品充盈，商店里各种商品及电视机满坑满谷，不见想不到。经济发达和商品之多给我强烈印象。

文物中心的主任是英国的费尔顿先生，一位友爱和善的老者。多年后我在耶鲁大学做访问学者时他还到住处来看我，硬送我一百美元。中心有几位别国的教员，有时请外面专家讲课。中心有实验室、资料室等。讲课之外常到现场参观。最后集体去威尼斯参访几天。1980 年 6 月 30 日离开罗马飞往巴黎，我在巴黎逗留数日。

这次意法之行对我太有意义了，虽说不亲见建筑也可讲建筑，但那是没有办法的办法，亲眼看过几例之后，终究多了几分底气。

美国大学与德国大学

清华似有一种不成文法，每年送几位教师出国研修，名目繁多，有的人早就知道自己何时会出国。有的女士会将出国进修与诞生下一代合在一起，如在美国，下一代可自动获美国国籍。美国现任总统特朗普比较小气，似乎反对这种规定，不知现今如何。

1985 年我被送往耶鲁大学艺术与建筑学院做访问学者，为期一年。

访问学者之工作，十分随便。你紧就紧，你松就松，无人管你，事在你为。我一是了解他们的教学，耶鲁大学常从欧洲请有名的建筑师来指导学生的设计课，题目由请来的人自定。有位外国老兄出的题是在一条斜坡地上设计街道，学生的设计图，邪门歪道，五花八门，无奇不有。而正是在那种自由以至任性的气氛中，才可能诱生出超常的建筑作品来。

华盛顿有一座越南战争军人纪念碑（Vietnam Veterans MemorIal），位于华盛顿政治中心区的西波托马克绿地中，1982 年落成。设计人是当时在耶鲁大学建筑系四年级上学的华裔美国女生林璎（玛雅·林，Maya yin Lin）。她提出的方案在众多作品中获选。

这座纪念碑造型与众不同，它不但不高大，不雄伟，反而是削入地表以下的一块坡地的挡土墙。挡土墙细长，表面为黑色磨光花岗石，上面镌刻着 57900 余位在越战中失踪的军人的姓名。

对美国人民来说，越南战争是一场噩梦，遭到人民巨大的反对，是国家的心病。死伤那么多人，不能不纪念，又不能做成一个大张旗鼓、堂而皇之的光荣正义的纪念碑。林璎说，她设计前查看地形时想到时间可缓解疼痛，但总会留下伤痕，从这个角度看，这个造型奇特的纪念物似可看作在大地上留下的一处伤痕。

我作为美国大学的一名访问学者，想多利用它的图书资料。这个目的在到耶鲁大学的第一天就实现了。那天我去该校图书馆，房子庄严神气，我出示证件，当即让我一个人上楼进入中文书刊的珍藏室，偌大珍藏室只我一人，架上有很多"文革"时期的出版物，任我翻看，自由自在。回想我在清华那么多年，要想进大学图书馆的珍藏室，想来不会这么容易。当然，如果要进美国大学珍藏他们真正宝贝的地方，也决不会如此容易。

我的另一目标是尽量多看美国著名建筑，名建筑散布各处，旅费是关键。当时我们每人每月的官费是 500 美元，基本全用于食宿。

我的办法是找机会到美国大学建筑系去介绍中国传统建筑。当时来中国的美国人不多，有送上门来的关于中国建筑的讲课，有的建筑院系就约我去了。美国大学往往有个地方收藏他校和其他有资助项目的地方，我给他们发信，毛遂自荐，说可以去讲中国建筑，常常成功，美国东南西北我都去过。

那时美国建筑师斯东和雅马萨奇（日裔，Minoru Yamasaki，1912—1986，又译山崎实）的建筑创作被认为是人本主义流派。雅马萨奇最著名的作品是被毁的纽约世界贸易中心双塔。我当时最欣赏最想去看的是于 1962 完成的"西雅图世界博览会联邦科学馆"。我向位于西雅图的华盛顿大学建筑系发信表示愿去讲中国传统建筑，蒙其邀请，一拍即合，讲了课又参观了心仪的建筑。（1985 年 11 月 7 日下午参观雅马萨奇之科学馆，下午 8:30 在 UNIV. of Washinton 讲中国建筑。Allen Johannsen 夫妇在课室中挂一红幅，人颇多）

另外，为了考察美国建筑，我向洛克菲勒基金会申请了一笔资助（5000 美元），为到没有大学的地方旅行提供帮助。我去参观赖特的"流水别墅"就靠这项资助。

对于从事建筑的人，有条件时到国外参访，不管远近长短，都大有好处。

在美国时接到一封德国朋友的来信，说她与德国海德堡大学的著名汉学家雷德候 Ledderose 联系好了，约我去给那个大学艺术史专业讲中国传统建筑。于是，我从美国回国后，又于 1987 年 10 月到德国海德堡，在海德堡大学艺术史系为研究生讲中国传统建筑，于 1988 年 2 月回国。在德国时间不长，但德国人的严谨作风给人深刻印象。到海市没几天，该市卫生局约我去谈话，去后才知道他们发现我肺上有肺病钙化点，问我怎么回事，告以那是四十年前的事，早已痊愈，于是无事。德国的治安很好，我半夜从外地回来，一个人背着照相器材步行回寓都极安全。听讲的学生常常在桌上备些茶点，并曾约我去名胜游览。

对于从事与房屋建筑有关的工作的人员，有机会到境外参访看看，不论远近长短深浅，总是有益的。这话谁都知道。